AF240521

Dédié

A MONSIEUR ERNEST MENAULT,

Inspecteur Général

de l'Agriculture.

SOCIÉTÉ D'AGRICULTURE

de l'Arrondissement de THONON-LES-BAINS (Haute-Savoie)

HERD-BOOK

DE LA

RACE BOVINE CHABLAISIENNE

DITE D'ABONDANCE

1er VOLUME

comprenant les animaux inscrits au titre d'origine

THONON-LES-BAINS

IMPRIMERIE A. DUBOULOZ

1897

HERD-BOOK

RACE BOVINE CHABLAISIENNE DITE D'ABONDANCE

1° Considérations générales

Les pâtures et pâturages couvrent 68 mille, les prés et vergers 44 mille et les prairies temporaires 20 mille des 441 mille hectares qui constituent le département de la Haute-Savoie.

En outre sur une grande partie des 114 mille hectares boisés qu'il contient, les bestiaux trouvent, avec l'ombre et la fraîcheur pendant les chaleurs estivales, un surcroît de nourriture fort appréciable, surtout en temps de sécheresse. Limitant les recherches à la seule espèce bovine, la plus nombreuse et la plus importante, d'ailleurs, on constate (Bulletin du ministère de l'Agriculture, n° 7 de 1894) que la Haute-Savoie (1) nourrit :

    1.655 taureaux,
    7.341 bœufs de travail,
      825 bœufs à l'engrais,
    78.754 vaches,
    22.644 génisses bouvillons et élèves,
    7.423 veaux.

Total : 118.642

La production en lait est annuellement d'environ 1 million 127 mille hectolitres d'une valeur de 13 millions 580 mille francs.

Celle en viande de boucherie n'est pas inférieure à 3 millions 650 mille kilogrammes d'une valeur de 2 millions 800 mille francs.

(1) On y compte en outre 8974 chevaux, 1591 mulets, 374 ânes, 32,943 moutons et 23,786 chèvres.

Nous sommes certainement au-dessous de la vérité en estimant à 4 millions 500 mille francs la valeur du travail fourni par les bœufs.

De l'engrais produit par l'espèce bovine, une partie reste ou retourne sur les pâturages, une autre sert à fumer les labours, les jardins, les vignes, etc. Aux prix actuels des engrais minéraux, cette dernière, rien que par les trois principales matières fertilisantes qu'elle contient, azote, acide phosphorique et potasse, représenterait une somme de 1 million 80 mille francs. Sa valeur, en réalité, est bien supérieure parce que le fumier renferme de la chaux, de la magnésie, etc., parce qu'il présente aux végétaux toutes ces substances à l'état assimilables, ce que ne font pas toujours les engrais du commerce, parce qu'enfin il agit par ses propriétés physiques, divisant les terres compactes, favorisant l'accès de l'air, de l'humidité dans le sol et y accumulant une chaleur favorable à la végétation.

On conçoit dès lors l'importance qu'ont, dans un département où sur 265,090 habitants, 178,184, soit 67 pour cent, vivent directement de l'agriculture, le choix et l'amélioration des bêtes bovines, ces unises vivantes qui transforment en lait, en viande, en travail, et en engrais la plus grande partie des produits de nos herbages.

Le canton de Rumilly possède, depuis près de 80 ans, des bestiaux de la race de Villard-de-Lans ou de ses dérivés (1). Ce canton excepté, on ne trouve, dans le département en dehors des animaux exceptionnels, plutôt sujets d'étude et de fantaisie, que bêtes de rentes, que quelques vaches tarines et quelques représentants de la race suisse pure. Le fond des étables est constitué par des bestiaux de la race d'Abondance, ou provenant de croisements de cette race avec celles ci-dessous ; ils sont au nombre d'environ 80.000.

C'est pour améliorer par sélection ce type que la Société d'Agriculture de l'arrondissement de Thonon-les-Bains provoque la création d'un Herd-Book de la race. Avant d'en

____

(1) Environ 8.100 têtes.

décrire le mécanisme, il convient d'exposer brièvement les principes sur lesquels repose la méthode.

2° Hérédité

Il suffit de regarder autour de soi pour se convaincre qu'il n'existe pas dans la nature deux êtres organisés, animaux ou végétaux, deux individus de la même espèce qui se ressemblent absolument. Le climat, le milieu dans lequel un individu se développe, le genre de nourriture, le régime de vie, les exercices, l'art, provoquent de légères modifications qui constituent les unes des qualités, les autres des défauts.

Chacun sait également que ces modifications tendent à se transmettre de l'ascendant au descendant. Depuis long-temps les propriétaires de bestiaux intelligents ont pris soin de choisir, pour les élever, les nouveaux-nés de leurs étables dont la mère présentait le plus de qualités ; utilisant ainsi en partie cette transmission des formes et des aptitudes qu'on appelle l'hérédité.

Mais à tort l'on attribue généralement moins d'importance, l'on apporte moins de soin au choix du reproducteur mâle. Il est pourtant bien établi que les variations, même très légères au début, peuvent s'accumuler dans les produits et aller s'accroissant de génération en génération si l'on accouple des individus présentant toujours avec le type originel, les mêmes modifications ; de même ces variations tendent à disparaître si l'on marie deux êtres ayant les dispositions contraires.

A tort également, chez nous, l'on s'est peu préoccupé jusqu'à ce jour, dans la pratique, des qualités et des défauts des ascendants des reproducteurs. La loi d'hérédité n'est cependant pas simple. La transmission n'est pas toujours immédiate, elle saute parfois une ou plusieurs générations pour se manifester, non dans le produit direct, mais seulement dans le produit des produits, ce qu'on désigne plus spécialement sous le nom d'atavisme.

Enfin dans le même ordre d'idées, il convient de signaler

l'hérédité d'influence, cas le plus bizarre et cependant assez fréquent de ce phénomène. C'est la représentation dans la nature du produit des formes ou aptitudes des conjoints antérieurs. Aucun disciple de St-Hubert, par exemple, n'ignore qu'une chienne de chasse est susceptible de donner, même avec un bon chien de chasse de fort mauvais produits, si antérieurement elle a été matinée une seule fois par un chien vulgaire. N'oublions pas que le fait est commun à toutes les espèces animales.

On a déjà rappelé plus haut que la présence dans les deux reproducteurs de modifications contraires pouvait annihiler la transmission d'hérédité. Cette qualité n'est pas la seule force qui la peut combattre. La diversité des circonstances de temps, de climat, de lieu de nourriture, d'âge des auteurs a son influence.

En outre on voit parfois naître, sans cause connue, des individus présentant des caractères n'ayant aucun rapport avec ceux de l'un ou l'autre générateur.

On cite en quatrième lieu, comme luttant contre l'influence de l'hérédité, l'action du grand nombre sur le petit nombre.

3° Sélection

La sélection est la méthode de reproduction qui consiste à utiliser l'hérédité. Elle a pour résultat l'accumulation des modifications constatées chez certains sujets d'une race et partant la conservation et l'amélioration des qualités qui en sont la conséquence.

Longtemps elle a été inconsciente, l'homme cherchant simplement à obtenir d'une espèce domestique, sans but absolument déterminé, des sujets plus utiles.

C'est ainsi qu'ont été créées la plupart de nos races de trait et de boucherie. Elle est devenue consciente le jour où l'on a travaillé en vue de qualités spécialisées, par exemple vigueur à la course chez telle race de chevaux, force à la traction chez telle autre.

En cela les Anglais ont été nos devanciers et sont restés

nos maîtres. Il y a 150 ans, les moutons de Dishley étaient petits, n'arrivaient à l'âge adulte qu'à 5 ans, et pesaient alors de 25 à 30 kilogrammes.

Un cultivateur entreprit d'améliorer la race au point de vue de la production de la chair. En 1760 il avait fait fortune, livrait à la boucherie des moutons de 2 ans 1/2, pesant 50 kilogrammes, faisait payer la saillie jusqu'à 22 francs. Longtemps il garda son secret, fort simple cependant, puisqu'il consistait à prendre toujours pour les accoupler parmi les béliers et les brebis de sa bergerie, les plus précoces, ceux qui prenaient le plus grand accroissement dans le plus court temps.

Transportés dans le canton de Sussex, où le climat est plus rude, plus humide, les moutons de Dishley donnèrent de moins bons résultats, leurs qualités n'étant pas adaptées à ce nouveau milieu. Un autre éleveur du pays se mit à l'œuvre, et, par les mêmes moyens, créa en 1780, pour cette région, la race des dunes méridionales, Southdown.

En 1830, un troisième éleveur Anglais en choisissant toujours pour la reproduction, parmi les vaches et taureaux des environs de Durham, les animaux les moins ensellés, les plus précoces à l'engraissement et ceux présentant les jambes les plus courtes, les os les plus petits, est arrivé à constituer la race de ce nom introduite en France quelques années plus tard.

4° Herd-Book

Ces quelques exemples montrent ce que peut une sélection bien comprise. Mais il ne suffit pas de développer en une race les qualités qui conviennent le mieux au milieu dans lequel elle doit vivre et aux besoins auxquels elle doit pourvoir.

Si l'on veut bien se reporter à ce qui a été dit au sujet de l'hérédité et des influences qui la combattent, on reconnaîtra que, comme sa création, la conservation d'une race est intimement liée au choix des reproducteurs mâles et femelles, ainsi qu'à l'exclusion dans les accouplements, de sang étranger susceptible d'introduire par atavisme dans la descendance des modifications contraires à celles auxquelles la race doit ses qualités.

Les Anglais l'ont bien compris : dès 1853 ils créaient précisément pour leurs durhams, afin de conserver la pureté de la race, une intelligente organisation qui a été copiée depuis sur le continent.

En voici à grands traits les principes :

Au début de l'institution une commission d'hommes compétents décide de l'inscription sur un registre spécial, appelé Herd-Book (1) de ceux des animaux soumis à son examen qu'elle reconnaît de races pures et qualifiés au point de vue de la forme et des aptitudes ; ces premières inscriptions sont dites d'origines. Un livre à souche est remis à chaque propriétaire de reproducteurs mâles inscrits : celui-ci délivre un certificat à tout propriétaire de reproducteurs femelles inscrits également au Herd-Book qu'il fait saillir, et détache du livre à souche un avis de saillie qu'il adresse à la commission. Le produit de ces accouplements de bestiaux inscrits a droit à l'inscription au Herd-Book, sur la demande du propriétaire qui indique le nom et le signalement du produit et paie une faible redevance destinée à assurer le fonctionnement de l'institution.

En outre lorsque le sujet est âgé d'au moins huit mois, le propriétaire peut le faire confirmer, s'il y a lieu, au point de vue de la pureté de la race, par une délégation de la commission. Ces inscriptions et confirmations sont publiées dans un Bulletin annuel. Les bestiaux inscrits à l'origine ou confirmés sont marqués à la corne.

En somme le Herd-Book est un livre généalogique, quelque chose comme le pendant de notre état-civil, avec cette différence qu'il sera plus sérieusement consulté pour les unions projetées, car la question de dot ici n'intervient pas, ou plutôt la dot est constituée par l'ensemble des qua-

(1) Prononcez Erd-Bouk. Mots Anglais qui signifient livre du troupeau.

lités que l'individu considéré tient de ses ascendants et que fait connaître sa généalogie.

Pour avoir un troupeau composé de bêtes présentant les qualités de la race appropriée au sol et au climat, le cultivateur du pays achète de préférence, ou élève, les animaux inscrits au Herd-Book. L'éleveur et le marchand étrangers désireux d'obtenir, par des croisements des produits répondant à des besoins spéciaux ou momentanés, consultent eux aussi le Herd-Book : ils n'hésitent pas à payer plus cher un sujet qu'ils peuvent se procurer facilement avec toutes sortes de garanties, et dont les ascendants ont fait leurs preuves.

La race bovine de la Bretagne est petite, bonne laitière. Un engouement pour les durhams, gros et surtout propres à l'engraissement, à la boucherie, l'avait dans une partie de la province, désorganisée par des croisements irréfléchis qui lui avaient fait perdre ses qualités particulières. Afin de remédier à cet inconvénient, les éleveurs de la région ont créé, en 1885, le Herd-Book de la race bretonne, et leurs efforts n'ont pas tardé à être couronnés de succès.

Dès 1880, nos voisins avaient devancé les Bretons en fondant un Herd-Book de la Suisse romande, et depuis 1883 les quatre départements du Calvados, de l'Eure, de la Manche et de la Seine-Inférieure, se sont groupés pour l'organisation d'un Herd-Book de la race normande. Celui de la race limousine est plus récent. Dans le département de la Savoie, le Herd-Book de la race tarine date de 1889. L'an dernier les inscriptions des représentants de la race parthenaise et de ses dérivés ont commencé dans le département des Deux-Sèvres. La Société d'Agriculture de la Sarthe s'occupe de la reconstitution de la race mancelle qui était en voie de disparition.

Enfin, innovation plus hardie, mais à laquelle l'esprit d'initiative et de suite des populations intéressées assurera le succès, la Société d'Agriculture de Chaumont (Haute-Marne) entreprend actuellement, sur les indications de M.

Guérapain, la transformation, par un croisement continu, du bétail commun de la région.

5° Herd-Book de la race bovine Chablaisienne dite d'Abondance

L'élève du bétail est, on l'a vu, une branche importante de l'Agriculture du département de la Haute-Savoie.

Comme le disait au Conseil Général M. Mercier, « L'élevage est la source vraie du pays, celle sur laquelle nos agriculteurs peuvent compter et qui ne leur donnera pas de déception. » Aussi ne devons-nous pas rester en arrière dans la voie du progrès que suivent tous nos concurrents.

Dès 1890, la Société d'Agriculture de Thonon-les-Bains a proposé d'établir un Herd-Book de la race bovine, dite d'Abondance. Mais alors quelques hésitations se sont produites, quelques doutes ont été élevés sur l'existence même de la race (voir annexe A).

Que notre bétail soit une fraction du grand troupeau, poussé devant eux par les Burgondes pasteurs lorsque, il y a quatorze cents ans, ils s'installèrent dans ce qui constitue aujourd'hui la Suisse, la Savoie, le Jura, etc., c'est fort probable, mais il est certain que dans nos montagnes, cette fraction, isolée pendant des siècles autant par l'absence des voies de communication et de relations commerciales, que par les prohibitions douanières, s'est sélectionnée d'elle-même. C'est en effet une loi de la nature, que, dans un milieu fermé, les individus parfaitement aptes à ce milieu, prédominent peu à peu sur ceux moins bien doués, qui, en raison des difficultés de l'existence, s'affaiblissent numériquement de plus en plus et finissent par disparaître. Aussi est-ce dans celles de nos vallées que leur situation, leur configuration, le manque de grandes routes et de débouchés ont tenu longtemps fermées au commerce d'échange, dans celles d'Abondance, de St-Jean-d'Aulph et de Thônes, que l'on trouve les sujets de l'espèce bovine présentant des formes et des aptitudes spéciales nettement caractérisées, les mêmes, remarquons-le dans le bassin

des Dranses, que dans le haut de celui du Fier. Une excursion, l'été, dans ces vallées, est aussi intéressante et ins-
tructive qu'agréable.

Ceux qui douteraient encore n'ont qu'à la faire. Le bruit
des « Campannes » les conduira vers des troupeaux floris-
sants de santé et de vigueur, composés de bêtes plus svel-
tes, moins lourdes que celles de la Suisse, parcourant
allègrement nos pâturages parfois escarpés, où hésiteraient
les pesantes vaches du Simmenthal. Propriétaires, bergers
et fruitiers (ces derniers d'origine étrangère et partant peu
sujets à suspicion) leur diront que les vaches de la Suisse
s'acclimatent difficilement dans la région, y perdent de
leurs qualités, tandis que les bestiaux du pays donnent
des produits plus constants. Les intéressés ne sont-ils pas
d'ailleurs les meilleurs juges en l'occurence? Si l'on veut
être édifié sur leur sentiment à cet égard, il suffit de diffé-
rer l'excursion, de l'effectuer non en plein été, mais après
la descente des chalets, aux approches des foires d'automne.
On voit alors, quelques jours avant les grands marchés, les
amateurs parcourir, pour éviter les surprises du champ de
foire, les étables, celles surtout qui ont le souci de leur bon
renom, et écrémer le lot de vente sans confondre avec nos
bêtes chablaisiennes qu'ils recherchent, quelques élèves
pris, en temps de disette, dans les montagnes vaudoises
pour compléter le troupeau. Non pas qu'ils contestent à la
race Suisse ses qualités, réelles et grandes ; mais nos petites vaches plus légères et en somme faciles à l'engraissement, conviennent mieux chez nous aux conditions locales
du sol et du climat, de même qu'en dehors de la Savoie, on
les désire à des points de vue spéciaux.

Ceux qui n'ont pas le loisir de parcourir nos hautes vallées peuvent au moins prendre des renseignements autour
d'eux, à l'exemple du distingué président du Comice Agricole de St-Julien (voir annexe B). Son témoignage est d'autant plus précieux que si quelque part en Haute-Savoie les
bestiaux d'Abondance eussent dû perdre leurs caractères

typiques et faire douter de l'existence de la race, c'eût été certainement dans les plaines qu'habite M. Chautemps, et qui entourent le Vuache, dont l'altitude ne dépasse pas 1000 mètres. Rares sont les villages savoisiens dans lesquels on ne trouve pas quelques spécimens de la race d'Abondance et quelques propriétaires venus jadis en Chablais approvisionner leurs étables.

Pour répondre au vœu du Conseil Général, une commission s'est réunie à La Chapelle, le 1er mars 1891, sous la présidence de M. Vernaz (voir annexe C). Elle a entendu M. Rigaux, professeur départemental, rappeler les noms de quelques-uns des écrivains agricoles qui se sont fait les échos des éleveurs appelant l'attention sur la race d'Abondance. Elle a constaté sur place que le bétail de la vallée présente des caractères constants et spéciaux qui reparaissent toujours dominants dans les produits, en dépit de quelques croisements malencontreux. Elle a recueilli enfin le témoignage de M. Vindret. Après examen, le judicieux vétérinaire départemental affirme, lui aussi, l'existence de la race d'Abondance, présentant avec l'ensemble de la grande famille jurassique des modifications spéciales qui la différencient des diverses variétés reconnues dans cette race primordiale ; il en décrit, en spécialiste, les caractères généraux et spéciaux, reconnaît son extension dans tout le département et son écoulement dans le Midi.

Enfin, consécration suprême, sur le rapport de M. Menault, inspecteur général de l'Agriculture pour la région, la race d'Abondance a été, pour la première fois, classée au Concours régional d'Annecy en 1892. (Voir annexe F.)

Tous ceux auxquels il a été donné de visiter cette belle exposition ont pu constater que nos vaches et nos taureaux n'y faisaient point trop mauvaise figure à côté des représentants de races classées depuis longtemps et partant soigneusement sélectionnées.

Fait à noter : au Concours d'Annecy, les prix principaux réservés à cette race ont été remportés moins par les propriétaires de la vallée qui a été son berceau que par les éleveurs amoureux de leur art et fort connus par le soin qu'ils prennent de leurs étables situées à Sciez, Maxilly, Bogève, Villard-sur-Boëge, etc., dans lesquelles ils ont toujours cherché à transmettre les qualités de sujets choisis par le moyen de bons reproducteurs. Il faut bien l'avouer, en effet, depuis une trentaine d'années, favorisé par le développement de voies de communication, par l'amélioration de la vie matérielle, par l'usage plus répandu de la viande de boucherie, l'appât du gain immédiat plus facilement accepté de nous que le souci de l'avenir entraîne la disparition des meilleurs générateurs et menace de dénaturer par un mélange de sang étranger, les formes et les aptitudes spéciales de la famille laitière adaptée par les siècles à notre sol et notre climat. Tandis que nous sommes en passe de ne bientôt plus trouver nous-mêmes, que dans quelques étables d'élites, les qualités propres au bétail aborigène, incertain de la valeur de l'animal qu'on lui présenterait, l'acheteur désapprend peu à peu le chemin de notre pays.

Il y reviendra au contraire, plus empressé, s'y procurer des animaux reproducteurs et des bestiaux de rente le jour où il trouvera dans le Bulletin du Herd-Book la preuve, qu'on ne le trompe pas, que le sujet sur lequel il jette les yeux est bien le produit de telle excellente vache et de tel beau taureau, que c'est là qu'il est le plus sûr de rencontrer les qualités spéciales à notre race bovine.

Pour subvenir aux frais de premier établissement du Herd-Book et assurer la gratuité des inscriptions dites d'origine, le Conseil Général de la Haute-Savoie, sur le rapport de M. Roussy de Sales, a voté le 12 février 1893, un crédit de 1,500 francs (voir annexe D), et l'Etat vient d'allouer une somme de 2,500 francs pour un Concours spécial.

Les animaux portés au livre du troupeau acquerront, ce n'est pas douteux, une valeur supérieure aux autres. Aussi est-il de l'intérêt de tous les éleveurs de présenter à la commission, dont les opérations auront lieu à une date que la publicité portera à leur connaissance, tous ceux de leurs bestiaux de race bovine, susceptibles d'être inscrits. Le registre des inscriptions dites d'origine, une fois clos, seront seuls admis au Herd-Book les veaux et génisses provenant d'un père et d'une mère acceptés à l'origine (voir annexe E).

La Société d'Agriculture de l'arrondissement de Thonon ne se dissimule pas les difficultés de la tâche qu'elle s'impose, l'institution d'un Herd-Book qui a donné partout ailleurs de brillants résultats, étant une nouveauté pour beaucoup d'agriculteurs du département. Malgré l'appui bienveillant de l'Assemblée départementale et de l'Etat, nous hésiterions à l'assumer si nous n'étions sûr de pouvoir compter sur l'impartial concours de tous ceux qui ont à cœur la prospérité progressive de la Haute-Savoie, c'est-à-dire de tous nos compatriotes. Nous ne leur demandons, d'ailleurs, qu'un crédit moral de quelques années, persuadés que l'organisation créée, les avantages du Herd-Book seront vite appréciés et l'intérêt seul suffira à en assurer le fonctionnement.

ANNEXE A

DÉPARTEMENT DE LA HAUTE-SAVOIE

CONSEIL GÉNÉRAL

SESSION DE 1890

Séance du 20 Août 1890

Extrait du Registre des Procès-verbaux des Séances

CRÉATION D'UN HERD-BOOK A THONON

M. Folliet Gaspard s'exprime en ces termes :

« La Société d'Agriculture de l'arrondissement de Thonon propose d'établir un Herd-Book de la race bovine dite race d'Abondance, et soumet un projet de règlement, calqué sur celui de la race bovine de Tarentaise, créé en 1888 dans le département de la Savoie.

« Elle demande, pour cet établissement, le concours financier du département.

« Le département de la Savoie a fourni un contingent de 1.500 francs pour les dépenses d'organisation du Herd-Book de la race tarine. On présume que les frais d'installation du Herd-Book chablaisien seraient sensiblement de même importance, soit de 1.500 francs.

« Les Conseils d'arrondissement du département, consultés, ont tous donné un avis favorable.

« Nul, en effet, ne peut contester l'utilité d'une telle création, qui entre toutes est une des plus propres à améliorer la situation agricole du pays, dont une des principales productions est le bétail. Des créations de ce genre existent dans plusieurs localités de la Suisse, et dans l'intérieur de la France, notamment en Normandie et en Bretagne, pays essentiellement agricoles comme les nôtres.

« En conséquence, votre 3e commission propose de voter en principe la création d'un Herd-Book chablaisien, soit de la race bovine dite race d'Abondance, conformément au projet de règlement élaboré par la Société d'Agriculture, et prie M. le Préfet de faire, au budget rectificatif de 1891, les propositions nécessaires pour arriver le plus tôt possible au fonctionnement régulier du Herd-Book. »

M. Chardon fait toutes réserves, au nom de la première commission, en ce qui touche le crédit demandé. L'évaluation exacte de la dépense à laquelle donnerait lieu l'institution projetée n'a pas été faite, et l'on ne saurait, dans ces conditions, engager les finances du département.

M. Chautemps expose que le Comice Agricole de l'arrondissement de St-Julien a été consulté par M. le Préfet sur l'utilité du Herd-Book chablaisien. Cette association, sans mettre en doute qu'il puisse exister une race dite d'Abondance, exprime le désir que « les intéressés démontrent « l'existence d'une race spéciale au dit endroit, en produi- « sant une vingtaine de têtes types de cette race, en foires « d'automne, à Crête-Thonon ; s'il est reconnu, par une « commission nommée à cette fin, l'existence réelle d'une « race déterminée, le Comice s'empressera d'adhérer à la « création du Herd-Book dont il s'agit. » M. Chautemps estime donc qu'avant d'engager davantage la question, il serait utile de s'assurer s'il existe effectivement dans le Chablais une race qu'il importe de conserver.

M. Pacthod s'associe à l'observation de M. Chautemps. Il fait connaître que la Société d'Agriculture de Bonneville a reçu récemment, d'une personne dont la compétence en cette matière ne saurait être contestée, une communication établissant qu'il n'y a pas de race Chablaisienne et que la vache dite d'Abondance est une variété de l'espèce.

M. Mercier déclare appuyer vivement les conclusions de la Commission. L'élevage du bétail, dit-il, est incontestablement la ressource vraie du pays, celle sur laquelle nos agriculteurs peuvent toujours compter, et qui ne leur donnera pas de déception. On ne saurait donc faire trop de sacrifices pour développer cette branche de notre agriculture, dans ce moment surtout où nos vignobles sont menacés de tant de calamités.

L'honorable Président de la Commission du budget peut d'ailleurs se rassurer; le crédit demandé n'est pas de 3 à 4.000 francs, mais de 1.500 francs seulement; ce sera de l'argent bien placé. C'est ce qui a été voté dans le département de la Savoie, et nous ne pouvons faire moins que nos voisins, car notre département est dans des conditions plus favorables encore pour obtenir de bons résultats de la création d'un Herd-Book.

Quant à la race d'Abondance qu'on propose d'adopter comme race type, elle est très connue et très appréciée, et les nombreux acheteurs qui parcourent nos foires ne s'y trompent pas.

Les vaches de cette race sont très recherchées et toujours vendues à un prix supérieur. La Société d'Agriculture d'Annecy a donné un avis favorable au choix fait par le Comice Agricole de Thonon et j'ai pleine confiance que les autres Sociétés d'Agriculture ne tarderont pas à donner aussi leur complète adhésion. Il y a donc lieu d'adopter les propositions de la Commission et de décider en principe la création d'un Herd-Book à Thonon, en renvoyant l'affaire à M. le Préfet pour nous soumettre ses propositions budgétaires à la première session.

M. le Président pense qu'en l'état, il convient de renvoyer l'affaire à l'Administration pour un complément d'études en vue de faire constater les caractères de la race.

La création d'un Herd-Book à Thonon est d'ores et déjà

admise en principe, mais le département ne prend aucun engagement quant au contingent qu'il pourra fournir pour le fonctionnement de cette institution.

Cette proposition mise aux voix est adoptée.

Pour extrait conforme :

Le Conseiller de Préfecture,
Signé VERGNES.

ANNEXE B

Valleiry, le 17 juillet 1891.

Monsieur le Président de la Société d'Agriculture de Thonon.

Lorsque je suis allé au Concours Agricole de Douvaine, avec M. Demole et M. Goy, notre but était, comme vous le savez, d'étudier la race bovine d'Abondance, sur laquelle on me demandait un rapport. Mais cette race était si peu représentée au Concours de Douvaine que nous n'y avons pas trouvé des éléments d'appréciation suffisants pour faire un rapport avec connaissance de cause.

N'ayant pu faire un voyage dans les vallées du haut Chablais pour compléter nos renseignements, j'ai trouvé un moyen de les obtenir avec moins de dérangement.

Il existe dans nos environs plusieurs agriculteurs, qui vont depuis très longtemps acheter leurs vaches aux foires d'Abondance, et dont les étables sont garnies presque exclusivement de vaches de la race d'Abondance et d'élèves provenant de ces vaches. J'ai visité ces étables et questionné leurs propriétaires ; et il résulte de mon examen et des réponses obtenues que les vaches venant d'Abondance sont très bonnes laitières; plus rustiques et moins exigeantes que celles de la Suisse, elles conviennent mieux aux localités où les fourrages et les pâturages ne sont pas très abondants; et si elles se trouvent dans un milieu favorable, elles gagnent en poids sans perdre de leur finesse et de leurs qualités laitières. C'est donc une œuvre utile de conserver et reconstituer cette race en évitant de la laisser mélanger avec le bétail des vallées voisines. Son classement comme race spéciale et la création d'un Herd-Book contribueront beaucoup à obtenir ce résultat. Dans l'intérêt de l'Agriculture, nous faisons des vœux pour que vos efforts dans ce but soient couronnés de succès.

Veuillez agréer, Monsieur et cher Collègue, l'assurance de ma considération très distinguée.

Signé : CHAUTEMPS,

Président du Comice Agricole de St-Julien.

ANNEXE C

Rapport sur le Congrès-Conférence

TENU A LA CHAPELLE D'ABONDANCE

En vue du Classement de la Race Bovine Chablaisienne dite « d'Abondance »

Le premier Mars mil huit cent quatre-vingt-onze, une Commission spéciale s'est réunie à La Chapelle d'Abondance en vue de se livrer à un complément d'études sur la race bovine Chablaisienne dite d'Abondance, afin d'en déterminer les caractères d'une façon précise, et en obtenir le classement comme race spéciale.

Cette Commission était composée de :

MM. VERNAZ, Président de la Société d'Agriculture de Thonon.

VINDRET, vétérinaire départemental à Annecy.

MOLLIET, agriculteur, vice-président du Syndicat, à Villard-sur-Boëge.

MUDRY, agriculteur, ex-maire de Margencel.

MARCOZ fils, ingénieur agronome à Thonon.

RIGAUX, professeur départemental à Annecy.

BOCCARD, éleveur, Conseiller d'arrondissement, Maire de La Chapelle.

RODRIGUES, régisseur du domaine de Maxilly, près Évian.

MM. Deruaz, Marcoz père, Jarre, Gros, vétérinaire, et Folliet Gaspard, Conseiller général, Baud et Jordan, empêchés, s'étaient excusés.

Le canton d'Abondance comprend sept communes : Abondance, Bernex, Bonnevaux, La Chapelle, Châtel, Chevenoz, Vacheresse. Toutes sauf Bernex, ont été visitées par la Commission qui a vu plusieurs étables dans chacune d'elles.

Le bétail examiné a présenté des caractères constants et spéciaux qui ont permis d'établir en règle la description du type de la race. Néanmoins, la Commission a eu le regret de constater que les principes de la sélection ne sont nullement mis en pratique : on n'apporte aucune attention au choix des taureaux reproducteurs ; on prend ordinairement les moins beaux ; les mieux constitués et les plus lourds étant livrés à la boucherie, ou encore on va les acheter en Suisse.

L'intrusion de ce sang étranger est beaucoup trop commune, ce qui donne au bétail un manteau pie rouge foncé tirant sur l'enfumé et le noir, des taches noires au museau, etc.; mais les caractères typiques de la race sont tellement vivaces qu'en dépit des croisements ils reparaissent et sont toujours dominants dans les produits issus de ces unions.

Dans les 14 étables visitées, plus de 250 sujets ont été soumis à l'examen du jury, qui s'est montré unanime dans ses appréciations.

Le congrès-conférence tenu au cours de ces visites, à deux heures du soir, à la Mairie de La Chapelle, devant cent trente membres environ, a fait ressortir la question sous toutes ses faces.

M. le Président Vernaz ouvre la séance en indiquant le but de la réunion et la haute importance du sujet mis à l'étude ; puis il donne la parole aux spécialistes.

M. Rigaux, professeur départemental d'agriculture, fait l'historique de la race, laissant au vétérinaire le soin d'en énumérer les caractères typiques.

Voici les points les plus saillants de son exposé :

En 1836, M. Dumont, de Bonneville, dans un rapport à la Chambre royale de Savoie, demande que la race bovine de pays soit améliorée par l'introduction de taureaux des espèces des hauts cantons, ce qui ne peut être que le bétail de montagne ou race du Chablais.

En 1863, un autre, M. Dumont, Président de la Société d'Agriculture de Bonneville écrivait : « La race d'Abondance « est produite par le croisement de l'ancienne race de pays « avec les races suisses et surtout avec celles du canton de « Schwitz. Ce croisement qui est maintenant passé à l'état « de race, présente le type le plus approprié à notre pays.

« Le choix d'une race demande une sérieuse attention, « aussi après avoir pris de nombreuses informations, j'ai « cru devoir m'arrêter à la race d'Abondance.

« Ce serait une aberration de vouloir introduire chez « nous les races pesantes de la Suisse. »

M. Dumont n'étant pas zootechnicien, ses idées sur l'origine de la race sont contestables ; mais il était compétent pour en constater l'existence et la valeur.

En 1865, M. Poulet, de Talloires, dans son mémoire sur l'amélioration de la race bovine, dit : « La Société départe-
« mentale d'Agriculture doit faire tous ses efforts pour que
« la race d'Abondance soit classée dans les nouveaux con-
« cours régionaux, et les éleveurs doivent aussi, de leur
« côté, faire beaucoup d'efforts pour que cette race y soit
« dignement représentée. C'est au Comice à déterminer les
« caractères qui doivent servir de type-modèle, afin qu'il y
« ait unité dans la race adoptée.

Et ailleurs : « On a vu de très beaux échantillons de
« cette race au Concours de Thonon en 1864 ; mais elle a
« fait défaut au Concours régional d'Annecy (en 1865).

Au Concours régional d'Annecy, en 1865, M. Barral,
rapporteur, dit : « Avec les fourrages on nourrit un beau
« bétail dont le commerce cachait l'origine en le transpor-
« tant sous d'autres noms, sur les marchés du Midi, afin de
« dépister la concurrence. Désormais on sait la valeur de
« la race d'Abondance, de telle sorte que son exportation
« sera une source croissante de produits pour le pays ».

M. Tochon de Chambéry, dans son histoire de l'Agriculture en Savoie, dit : « La race d'Abondance habite à
« l'extrémité de la Haute-Savoie, sur les frontières du Va-
« lais ; on en a fait une race parce qu'elle se détache de
« tous les animaux qu'on trouve dans les deux Savoie. »

Le même M. Tochon rapporteur au Concours régional
d'Annecy en 1881 écrit : « Dans l'arrondissement de Thonon
« c'est la race d'Abondance qui domine. On s'est souvent
« demandé pourquoi le département de la Haute-Savoie
« avait un si petit nombre de représentants dans les Con-
« cours régionaux, tandis que le département de la Savoie
« en avait un si grand nombre. Le motif incontestable de
« cette abstention se trouve dans le manque de race classée. »

Actuellement les fermiers d'origine suisse, établis dans
le Chablais, reconnaissent que les vaches suisses s'y acclimatent difficilement, tandis que les vaches d'Abondance
pures ou croisées s'y comportent bien. Les marchands, qui

font des expéditions de ces dernières dans le Midi, ne les confondent nullement avec les bêtes suisses. Les éleveurs du pays savent parfaitement reconnaître les différences de caractères et d'aptitudes de ces deux races.

La parole est ensuite donnée à M. Vindret, vétérinaire départemental ; il affirme l'existence de la race d'Abondance, son extension dans tout le département, son écoulement dans le Midi, et, après minutieux examen, décrit comme suit les caractères, tant généraux que particuliers, qu'il a constatés dans ses visites avec la Commission.

Tête. — *Tête moyenne, crâne brachicéphale, protubérence occipitofrontale d'épaisseur moyenne, chevilles osseuses implantées assez haut, front large, non bombé, arcades orbitaires peu saillantes, orbite de grandeur ordinaire, face de dimensions moyennes, chanfrein droit, se rétrécissant vers les naseaux qui sont largement ouverts, mufle rose non tacheté, gorge bien évidée, fanon souple assez peu développé et mince sous la gorge, yeux pleins et brillants, regard doux ; tour des yeux blanc rosé ; oreilles moyennes, dirigées en arrière et en haut, minces, garnies de poils longs, surtout à la base du bord antérieur ; couleur jaune intérieure ; chignon légèrement incurvé en avant formé de poils non frisés, assez longs, retombant sur le front ; cornes légères, à section circulaire à la base un peu arquées en avant et dirigées en haut, à texture fine, d'un jaune rougeâtre assez souvent verdâtre à la pointe.*

Corps. — *Corps épais, un peu allongé, non ensellé, encolure bien fournie, dos et bassin très larges, apophyses transverses des vertèbres lombaires très allongées, poitrine ample et profonde, côtes bien arrondies, fesses et cuisses remplies, épagle longue et charnue, garrot bas et large.*

Membres, peau, pis. — *Membres assez fins ; jambes courtes, droites et solides ; canons courts ; sabots assez petits, de la couleur des cornes ; queue plantée haut, descendant jusqu'à pointe du jarret. Peau souple, molle, ainsi que* le fanon ; pelage rouge-acajou-pie ; pourtour de la vulve jaune orangé. Écusson développé, avec épis, pis carré allongé ; trayons bien pendus, régulièrement écartés, trayons supplémentaires fréquents, même chez le mâle, peau du pis peu épaisse, souple, bien veinée, couverte de poils fins et doux, veines mammaires très apparentes ; portes du lait larges et bien ouvertes.

En résumé, la bête d'Abondance présente les caractères généraux de la grande race jurassique, avec des caractères spéciaux qui la différencient des diverses variétés reconnues dans cette race primordiale.

M. le Président Vernaz, prenant de nouveau la parole, résume l'exposé de MM. Rigaux et Vindret et expose ce que la Société d'Agriculture de Thonon a déjà fait en vue du classement et de la création de l'Herd-Book de la race. Il donne aux éleveurs de bons conseils sur le choix des reproducteurs, la nourriture et l'hygiène du bétail ; il leur laisse espérer que M. le Ministre de l'Agriculture ne se refusera pas à classer la race d'Abondance et que le Conseil Général, imitant celui de la Savoie, créera l'Herd-Book de cette précieuse race, la principale richesse des agriculteurs du département.

Aucune observation ne se produisant et personne ne demandant la parole, M. le Président lève la séance à quatre heures du soir.

Signé : *Tous les Membres de la Commission,*
et 64 des éleveurs présents à la séance.

ANNEXE D

DÉPARTEMENT DE LA HAUTE-SAVOIE

CONSEIL GÉNÉRAL

2ᵐᵉ SESSION DE 1894

Séance du 23 Août 1894

Extrait du Registre des Procès-verbaux des Séances

AMÉLIORATION DE LA RACE BOVINE

M. Jordan lit un autre rapport ainsi conçu :

« Le Conseil d'arrondissement de Bonneville a pris la
« délibération ci-après :

« Le Conseil émet un vœu pour que l'Etat intervienne,
« dans une plus large mesure, à l'amélioration de la race
« bovine, une des principales branches de notre industrie
« agricole.

« Malgré tous les soins apportés jusqu'à présent par les
« Sociétés d'Agriculture, les nombreux encouragements dis-
« tribués par elles, il reste encore beaucoup à faire, et le
« seul moyen, pour arriver à la perfection ou à peu près,
« semble être la création de stations de taureaux qui seraient
« fournis par le gouvernement et placés chez des particuliers
« chargés de leur entretien, et de verser dans les caisses
« de l'Etat une part déterminée du produit des saillies. »

« D'autre part, le Conseil d'arrondissement de Thonon a
émis également un vœu en vue de l'organisation d'une

Commission chargée de la réception des taureaux reproducteurs destinés à être livrés au public. Cette Commission signalerait les plus beaux sujets qui seraient primés par la Société d'Agriculture de Thonon.

M. Mercier se demande pourquoi le Conseil Général ne s'associerait pas aux vœux des Conseils d'arrondissement de Bonneville et de Thonon, car si l'on créait des stations de taureaux, qui seraient tout aussi utiles que celles des étalons, on rendrait de grands services à l'agriculture et on arriverait sûrement à améliorer la race bovine du département.

Il prie en conséquence l'Assemblée de vouloir bien, contrairement aux conclusions du rapport, s'associer aux vœux dont il s'agit.

M. Orsat Léon appuie vivement le vœu émis par le Conseil d'arrondissement de Bonneville ; par contre il ne croit pas que le vœu du Conseil d'Arrondissement de Thonon puisse être pris en considération, attendu que, ce que l'on demande à l'Etat, il appartient aux communes et aux Associations agricoles de le faire.

La Société d'Agriculture de Thonon a pris l'initiative de la création d'un Herd-Book et le Conseil Général lui a même alloué une subvention de 1.500 francs pour cet objet. Or, l'organisation réclamée par le Conseil d'arrondissement constitue précisément le Herd-Book, et c'est aux intéressés et non à l'Etat qu'incombe le soin de faire vivre cette institution et de nommer la Commission chargée de sélectionner les animaux à livrer à la reproduction.

M. Warchex s'exprime en ces termes :

« Dans sa séance du 12 avril 1893, page 152, sur le rapport de M. de Roussy de Sales, l'Assemblée départementale de la Haute-Savoie a voté un crédit de 1.500 francs pour frais de premier établissement du Herd-Book de la race d'Abondance.

« Ce contingent ne devait être mandaté naturellement qu'après production par la Société organisatrice, de justifications régulières, constatant que la dépense a au moins atteint ce chiffre.

« Dans le budget de report de 1893 à 1894, cette subvention à la Société d'Agriculture de Thonon figure encore.

« Je prie, Monsieur le Préfet de nous dire s'il a été fait quelque chose pour la création de ce livre généalogique de la race d'Abondance ; notamment si la Commission d'études préparatoires fonctionne, si le règlement qui doit être soumis au Conseil Général, pour être approuvé, est élaboré ; enfin si on peut compter vraisemblablement sur la préparation du livre généalogique à bref délai et sur l'arrêté préfectoral qui nommera une Commission définitive.

« Dans le département de la Savoie, le contingent a été voté en 1888, et l'année suivante le Herd-Book fonctionnait régulièrement.

« Il importe que notre département soit définitivement doté de cette institution si éminemment utile ; que la Société d'Agriculture de Thonon ne perde plus un temps précieux et qu'elle réponde aux vœux et à la générosité du Conseil Général. »

M. le Préfet fait connaître qu'il renseignera l'Assemblée à sa prochaine session.

Après échange de quelques observations entre divers membres du Conseil, les conclusions du rapport sont mises aux voix et adoptées.

Pour extrait conforme :

Le Secrétaire Général,

Signé : A. DROZ.

ANNEXE E

RÈGLEMENT

ARTICLE PREMIER. — Il est fondé, avec le concours financier du Conseil Général de la Hᵗᵉ-Savoie, un livre généalogique ou Herd-Book de la race bovine Chablaisienne dite d'Abondance.

ART. 2. — Ce livre a pour but d'assurer le maintien de la pureté de cette précieuse race laitière et de contribuer, par une sélection intelligente et continue, à son amélioration.

ART. 3. — L'Administration du Herd-Book appartient à une Commission composée :

1ᵒ Du Préfet de la Hᵗᵉ Savoie, Président d'honneur ;

2ᵒ D'un Président pouvant être pris en dehors des membres indiqués ci-après et élu par la Société d'Agriculture de Thonon ;

3ᵒ Des Présidents de Sociétés d'Agriculture du département de la Hᵗᵉ-Savoie ;

4ᵒ De quatre membres élus par la Société d'Agriculture de Thonon ;

ART. 4. — Lorsqu'il y a lieu de pourvoir, par suite de démission ou autre cause, au remplacement de l'un des membres, celui qui lui succède est élu dans la Iʳᵉ Assemblée générale de la Société d'Agriculture de Thonon.

ART. 5. — La Commission centralise l'organisation, l'administration et la surveillance du Herd-Book ; elle ordonne l'impression des bulletins et décide, en dernier ressort, sur toutes les difficultés et différends qui pourraient s'élever. Elle désigne parmi ses membres un vice-président et un secrétaire rapporteur chargé de la rédaction des procès-verbaux.

ART. 6. — La tenue du Herd-Book est confiée à un

secrétaire-archiviste, qui relève de la Commission, assiste à ses séances, mais n'a pas voix délibérative.

Art. 7. — Le siège de la Commission du Herd-Book est à Thonon-les-Bains.

Art. 8. — Sont portés au Herd-Book :

1º Les animaux reproducteurs de race pure et qualifiés au point de vue des formes et des aptitudes laitières. Ils ne sont admis qu'avec une très grande sévérité ;

2º Les animaux issus de pères et mères déjà inscrits.

Art. 9. — Pour être admis, à l'origine, les reproducteurs mâles doivent avoir au moins douze mois et les génisses deux ans.

Encore cette admission n'est-elle faite pour ces dernières qu'à titre provisoire et ne devient-elle définitive qu'à la suite d'un nouvel examen fait après le premier vêlage.

Art. 10. — Le registre des inscriptions dites d'origine reste ouvert pendant une année, sauf au Conseil Général à proroger cette ouverture pour une seconde année, s'il le juge à propos.

Art. 11. — Les inscriptions dites d'origine sont faites gratuitement.

Art. 12. — Les animaux présentés par les éleveurs sont examinés par la Commission dans l'exploitation même. Toutefois la Commission se réserve la possibilité de réunir les animaux d'un même centre d'élevage sur tel point choisi comme étant à la portée des éleveurs demandant l'inscription.

Art. 13. — Au cas où un des membres de la Commission présente des animaux pour l'inscription, il ne prend part ni à la délibération, ni au vote.

Art. 14. — Les opérations de la Commission ont lieu deux fois par an, vers la fin d'Octobre et vers la fin d'Avril.

Art. 15. — Pendant la durée des sessions, le nombre minimum des membres présents doit être de trois.

Art. 16. — L'examen des animaux est fait par séries. Une publicité suffisante est faite pour porter à la connaissance des agriculteurs les dates de demandes d'inscription.

ART. 17. — Un livre de saillie à souche est remis à chaque propriétaire de taureaux inscrits.

ART. 18. — Le propriétaire d'une vache inscrite au Herd-Book qui la fait saillir par un taureau également inscrit, doit se faire donner, le jour même, par le propriétaire du taureau, un certificat de saillie dudit livre à souche, avec la date exacte.

ART. 19. — Le propriétaire d'un taureau inscrit, qui fait saillir une vache également inscrite lui appartenant, se délivre à lui-même un certificat de saillie dans les mêmes conditions.

ART. 20. — Dans l'un et l'autre cas, l'avis de saillie destiné au secrétaire-archiviste est détaché du livre à souche pour être adressé à celui-ci par le propriétaire du taureau dans la huitaine.

ART. 21. — Le produit de ces accouplements a droit à l'inscription au Herd-Book, moyennant le versement d'une somme de 3 francs, qui doit être envoyée au secrétaire-archiviste en même temps que la demande d'inscription.

ART. 22. — Cette demande (formulaire imprimé), signée de l'éleveur, doit contenir le nom donné par lui à l'animal, et son signalement exact.

ART. 23. — Elle doit être adressée au secrétaire-archiviste dans la huitaine qui suit la naissance. En retour, l'éleveur reçoit un certificat constatant que l'animal est inscrit au Herd-Book avec un numéro d'ordre.

ART. 24. — Les inscriptions sont publiées par les soins de la Commission dans un bulletin annuel.

ART. 25. — Le bulletin comprend, en outre, la liste des animaux confirmés par la Commission.

ART. 26. — Cette confirmation ne porte que sur la pureté de la race.

ART. 27. — Elle est donnée par une délégation de la Commission aux animaux issus de reproducteurs admis à l'origine ou de leurs descendants eux-mêmes confirmés.

Elle se fait aux époques ordinaires de session, mais l'animal doit avoir atteint l'âge de huit mois.

Art. 28. — Les animaux issus de reproducteurs confirmés, dont les ancêtres l'étaient également jusqu'à la cinquième génération comprise, n'ont plus besoin de confirmation, non plus que leurs descendants.

Art. 29. — Les animaux inscrits à l'origine et les animaux confirmés sont marqués les uns les autres, mais la marque est différente.

Art. 30. — Toute fausse déclaration ou tentative de tromper est punie de l'exclusion du Herd-Book de tous les animaux de l'éleveur qui s'en est rendu coupable. Cette exclusion motivée sera insérée au Bulletin.

Art. 31. — Une fois par an, avant le 1er juillet, les propriétaires d'animaux inscrits au Herd-Book sont tenus d'informer le secrétaire-archiviste des ventes et des morts survenues dans le courant de l'année, pour que la mutation ou la radiation soit faite au Bulletin. En cas de vente pour l'élevage, le nom de l'acheteur et son domicile doivent être indiqués.

Art. 32. — Le droit d'inscription au Herd Book appartient à tout éleveur du territoire français devenu propriétaire de reproducteurs dits d'origine ou confirmés, aux mêmes conditions que pour les éleveurs de la Hte-Savoie, mais les animaux de ces derniers seulement peuvent être admis au titre d'origine.

Art. 33. — Les membres de la Commission remplissent leurs fonctions gratuitement, mais sont défrayés de leurs dépenses de voyage. Le secrétaire-archiviste reçoit une indemnité.

Art. 34. — Les ressources du Herd-Book se composent :

1º De l'allocation qui sera votée par le Conseil général ;

2º Des versements faits par les éleveurs pour l'inscription des veaux nés de parents inscrits ;

3º Des subventions que l'Etat pourrait accorder.

Art. — 35. — Le trésorier de la Société d'Agriculture de

Thonon encaisse les fonds, tient la comptabilité et fournit les justifications à qui de droit. Ces justifications sont signées du Président ou du Vice-Président de la Commission.

Art. 36. — Le présent Règlement sera exécutoire après approbation du Conseil Général.

Fait et arrêté par la Société d'Agriculture de Thonon en Assemblée générale le 2 Septembre 1894.

Pour copie conforme :

Le Président,

A.-J. VERNAZ.

ANNEXE F

ASSEMBLÉE GÉNÉRALE
des Sociétés d'Agriculture
et du Syndicat départemental de la Haute-Savoie

A ANNECY

Le 11 Août 1891, à 2 heures 30 du soir, maison Sallaz, à Annecy, les Sociétés d'Agriculture et le Syndicat Départemental de la Haute-Savoie, se sont réunis sous la présidence de M. Menault, inspecteur général d'Agriculture, pour délibérer sur les mesures à prendre relativement au Concours régional de 1892, ainsi que sur le classement de la race d'Abondance.

Au mois de Mai dernier, une délégation de cinq membres de la Société d'Agriculture de Thonon s'était déjà rendue au Concours de Bourg pour demander diverses modifications au programme en vue du prochain Concours d'Annecy, notamment le classement de la race d'Abondance.

La Société d'Agriculture de Thonon, par l'organe de son Vice-Président, réitère sa demande.

Après une sérieuse discussion à laquelle prennent part plusieurs membres présents, le classement de *la race Chablaisienne dite d'Abondance* est voté à l'unanimité.

ANNEXE G

COMMISSION DU HERD-BOOK CHABLAISIEN

Le 15 Septembre 1895, la Société d'Agriculture de Thonon-les-Bains, réunie en Assemblée générale, a constitué comme suit la Commission du Herd-Book.

Président d'Honneur :

M. LE PRÉFET DE LA HAUTE-SAVOIE.

Président :

M. A.-J. VERNAZ, Président de la Société d'Agriculture de Thonon-les-Bains.

Membres :

MM. FRANCOZ Sénateur, Président de la Société d'Agriculture d'Annecy.

COLLET, Président de la Société d'Agriculture de Rumilly.

CHAUTEMPS, Président du Comice Agricole de St-Julien.

MOREL-FRÉDEL, Président de la Société d'Agriculture de Bonneville.

CHEVALLEY, ancien Maire, Vice-Président Cantonal de la Société d'Agriculture de Thonon-les-Bains.

MOLLIET Edouard, Vice-Président Cantonal de la Société d'Agriculture, au Villard-sur-Boëge.

BOCCARD Julien, Vice-Président Cantonal de la Société d'Agriculture, à La Chapelle d'Abondance

JORDAN Elie, fermier à Collonges, Thonon-les-Bains.

La Commission a choisi comme Secrétaire-Archiviste, M. Lassurance.

Ce dernier ayant donné sa démission en 1896, a été

remplacé par M. U.-G. Monnet, propriétaire du Domaine de Morillon, à Thonon-les-Bains.

La Commission du Herd-Book a commencé ses tournées le 25 Novembre 1895, dans l'arrondissement de Thonon-les-Bains.

En raison des difficultés résultant des communications, plus de 30 centres de réunions ont été fixés. Les travaux de la Commission ont duré plus d'un mois. Nous devons des remerciements aux Membres de la Société d'Agriculture qui ont bien voulu faire le sacrifice de leur temps pour mener à bonne fin une œuvre éminemment patriotique.

Ont pris part aux travaux, soit en qualité de Membres de la Commission, soit en qualité de délégués :

MM. BAUD Jean, Régisseur à Coudrée.
Boccard Julien, Maire à La Chapelle.
Burnet Alexis, Maire de Maxilly.
Buttet, Maire de Bernex.
Chevalley Jacques, ancien Maire à Vailly.
Davet Charles, propriétaire à Evian.
Jordan Elie, fermier à Collonges.
Lassurance François, vétérinaire.
Merlin François, propriétaire à Publier.
Molliet Edouard, ancien Maire au Villard.
Monnet Gabriel, Secrétaire.
Tochet François, Adjoint, à Châtel.
Vernaz Joseph, propriétaire, Thonon.
Vuattoux, Maire de Lullin.

ANNEXE H

HERD-BOOK CHABLAISIEN

Le Président de la Commission du Herd-Book Chablaisien donne avis au public que les premières opérations de la Commission chargée d'examiner les animaux de la race bovine Chablaisienne, présentés pour être inscrits au Herd-Book, auront lieu en conformité de l'article 14 du règlement, vers la fin du mois d'Octobre 1895.

Si le nombre des animaux inscrits est suffisant, le registre d'origine figurera au Concours Général de Paris en 1896.

Les éleveurs sont donc intéressés à ne pas laisser échapper cette occasion de faire connaître au loin l'excellente race d'Abondance, et de se mettre directement et sans frais en rapport avec les acheteurs qui n'hésiteront pas à donner un prix bien plus élevé des animaux inscrits que des autres, en faisant inscrire leur bétail, ils feront preuve de patriotisme en même temps qu'ils serviront leurs propres intérêts.

Il est rappelé que les inscriptions d'origine n'entraînent aucune obligation onéreuse et sont absolument gratuites, et que celles des veaux issus de parents inscrits restent entièrement facultatives.

Les demandes d'inscription devront être adressées franco avant le 25 Octobre 1895 à M. Lassurance, vétérinaire, Secrétaire-archiviste du Herd-Book, à Thonon-les-Bains ou à l'un des Membres de la Commission qui sont :

MM. Vernaz A.-J., Président du Herd-Book Chablaisien, à Thonon-les-Bains ; Francoz, Sénateur, Président de la Société d'agriculture d'Annecy ; Collet, Conseiller d'arrondissement, Président de la Société d'agriculture de Rumilly; Morel-Frédel, Conseiller d'arrondissement de Bonneville; Chautemps, Président de la Société d'agriculture de Saint-Julien; Molliet Edouard, ancien Maire au Villard-sur-Boëge; Jordan Elie, fermier à Thonon-les-Bains; Boccard Julien, Conseiller d'arrondissement, à La Chapelle d'Abondance; Chevalley Jacques, Conseiller d'arrondissement, à Vailly.

Un avis ultérieur fixera les jours et les lieux où les animaux devront être présentés dans chaque centre d'élevage.

Thonon-les-Bains, le 5 Octobre 1895.

Le Président,

Signé : A. J. VERNAZ,

Officier du Mérite Agricole.

Commission de classement du Herd-Book

La Commission du Herd-Book de la race bovine chablaisienne dite d'Abondance se rendra successivement dans les communes ci-après désignées pour procéder à l'examen des animaux présentés et, s'il y a lieu, à leur inscription définitive au livre d'origine, qui restera ouvert jusqu'au 15 Septembre 1896.

Les demandes d'inscription continueront à être accueillies jusqu'au moment des opérations de la Commission. Chaque éleveur pourra conduire son bétail dans celle des localités ci-dessous désignées qui sera le plus à sa portée. Les animaux marqués H. B. C. et inscrits au Herd-Book seront seuls admis dans les Concours spéciaux.

Les animaux présentés devront se trouver sur le champ de foire, au jour et à l'heure indiqués :

Le lundi 25 novembre, à Evian, à 8 h. du matin et à

Lugrin à 2 h. du soir ; 26 à St-Paul, à 8 h. du matin ; à Chevenoz, à 2 h. du soir ; 27 à Vacheresse, à 8 h. du matin ; à Abondance, à 2 h. du soir ; 28 à La Chapelle, à 8 h. du matin ; 29 au Jotty, à 8 h. du matin et au Biot, à 2 h. du soir ; 30 à Morzine, à 8 h. du matin ; 2 décembre à Thonon-les-Bains, à 8 h. du matin ; 3 à Habère-Poche, à 8 h. du matin ; à Villard-sur-Boëge, à 2 h. du soir ; 4 à Boëge, à 8 h. du matin ; à Bogève, à 2 h. du soir ; 5 à Margencel (chez Thomas), à 8 h. du matin et à Sciez, à 2 h. du soir ; 6 à Douvaine, à 8 h. du matin et à Loisin, à 2 h. du soir ; 7 à Bons, à 8 h. du matin ; 9 à Vailly, à 8 h. du matin et à Bellevaux à 2 h. du soir ; 10 à Draillant, à 8 h. du matin.

Ier Concours Spécial de la Race Chablaisienne
dite d'Abondance

Le premier Concours spécial, présidé par M. Chautemps, Ministre des Colonies, a eu lieu à Thonon-les-Bains les 14 et 15 septembre 1895. Favorisé par un temps superbe, ce concours a été splendide et a réuni 178 têtes de bétail, dont 50 taureaux et 128 vaches et génisses d'une remarquable beauté.

2me Concours Spécial

Le deuxième Concours spécial s'est également tenu à Thonon-les-Bains, sous la présidence de M. E. Menault, Inspecteur Général d'Agriculture, qui a prononcé à la distribution des prix un discours que nous reproduisons ci-après. Malgré un temps affreux, ce Concours a réuni 185 têtes de bétail.

Discours prononcé par M. Ernest Menault

Mesdames, Messieurs,

La lettre ministérielle me déléguant pour présider le Concours spécial de la race d'Abondance était signée pour le Président du Conseil, Ministre de l'Agriculture, par M. Tisserand.

Avant de vous dire toute ma satisfaction de me retrouver au milieu de vous, veuillez me permettre d'adresser un témoignage de reconnaissance à celui qui fut l'éminent Directeur de l'Agriculture, l'organisateur de l'enseignement agricole, l'administrateur dévoué, éclairé et bienveillant, à M. Tisserand qui a fait classer la race d'Abondance et dont je m'honore d'avoir été le collaborateur comme aussi le vôtre dans votre œuvre de progrès agricole.

C'est, vous vous le rappelez, en 1891, après la tournée de prime d'honneur dans la Haute-Savoie, que le 11 août une réunion des Sociétés d'agriculture et du Syndicat départemental eut lieu à Annecy pour s'occuper du classement de la race d'Abondance. La discussion fut longue, animée, je fis connaître les objections qu'on pourrait invoquer contre le classement d'une race peu connue.

Néanmoins le classement ayant été demandé à l'unanimité je voulus bien me charger d'en faire la proposition au ministère. Je la fis en effet, m'appuyant sur le vœu unanime des Sociétés d'agriculture et aussi sur ce qu'avait dit Barral au Concours d'Annecy en 1865 :

« Avec les fourrages, on nourrit un beau bétail dont le commerce cachait l'origine en le transportant sous d'autres noms sur les marchés du Midi, afin de dépister la concurrence. Désormais, ajoutait Barral, on sait la valeur de la *race d'Abondance*, de telle sorte que son exportation sera une source croissante des produits du pays. »

Je fis valoir également l'opinion de Tochon qui dans son histoire de la Savoie dit : La race d'Abondance habite à l'extrémité de la Haute-Savoie, sur les frontières du Valais, on

en a fait une race parce qu'elle se détache de tous les animaux qu'on trouve dans les deux Savoie.

Je m'appuyai encore sur la compétence de M. Demôle,
agriculteur, propriétaire en Haute-Savoie et en Suisse et
grand connaisseur en bétail. Dans sa carte des berceaux des
races bovines de France et de Suisse, M. Demôle a classé
la race d'Abondance parmi les races bonnes laitières à robe
tachetée.

Je donnai enfin les caractères distinctifs de cette race
fournis par M. Vindret, vétérinaire départemental.

Je fus assez heureux pour obtenir son classement.

Votre bétail fut donc admis pour la 1re fois au Concours
régional agricole d'Annecy qui eut lieu du 18 au 26 juin 1892.
Le Ministère lui accorda une somme de 2.000 fr. pour 12
prix.

A ce Concours dont je fus le Commissaire général, il y eut
41 têtes de la race Chablaisienne dite d'Abondance, tous ces
animaux appartenaient à l'arrondissement de Thonon. Les
premiers prix pour les mâles furent attribués à M. Bartholoni, de Sciez et à M. Molliet Edouard, de Villard-sur-Boëge.
Pour les femelles, les prix ont été décernés à MM. Baud-
Grasset, de Bogève, Bartholoni, Pinget, de Bogève, Jordan
Elie et Command Victor, à La Chapelle d'Abondance.

Comme c'est l'habitude dans mes concours de faire des
leçons sur le bétail exposé, j'ai demandé à mon ami M.
Baron, professeur de zootechnie à l'Ecole nationale vétérinaire d'Alfort, de venir nous entretenir du bétail exhibé à
Annecy et en particulier de la race d'Abondance.

Vous vous souvenez tous de cette intéressante leçon, si
pleine d'érudition, de science et d'humour, vous vous rappelez que M. Baron a dit :

« Le groupe du bétail chablaisien est suffisamment caractérisé dès qu'on se borne à l'envisager comme type tacheté,
tendre et léger du bord méridional et proprement savoyard
du lac Léman. »

La race d'Abondance ne serait pour certains zootechniciens qu'une variété de la Simmenthal. Elle a, disent-ils, le même profil, les mêmes proportions générales et aussi la robe pie-rouge de la race suisse.

Elle est seulement de taille un peu moindre et plus fine, mais la Simmenthal a été elle-même confondue longtemps avec les races de Fribourg et de Berne, et pour ceux qui connaissent bien la race d'Abondance on la distingue à première vue de la Simmenthal beaucoup plus développée et dont les muqueuses, les muflons sont souvent marqués de noir et avec des canons plus longs et dont la robe est pie-rouge.

La race d'Abondance a le mufle rose non tacheté, tour des yeux blanc-rosé, cornes légères, un peu arquées en avant, dirigées en haut, d'un jaune rougeâtre, souvent verdâtre à la pointe. Membres assez fins, jambes courtes, droites et solides, sabots assez petits, de la couleur des cornes. Pelage rouge-pie plus ou moins foncé. Cette race est parfaitement adaptée à son habitat. Sa taille moyenne, sa légèreté, la conformation de ses membres font qu'elle peut facilement gravir les montagnes abruptes du Chablais.

Du reste, il y a des personnes qui pensent que pendant longtemps l'absence des voies de communication, de relations commerciales, les prohibitions douanières, ont dû laisser au sol, au climat le soin de former une race spéciale.

Examinons, en effet, quelles indications la géologie peut nous fournir à cet égard.

La Haute-Savoie est traversée du Sud-Ouest au Nord-Est par une zone calcaire ainsi nommée, parce qu'elle est constituée par des roches calcaires appartenant aux divers terrains jurassiques et crétacés, par des calcaires nummulitiques, du flisch appartenant dans la Suisse orientale au crétacé, des macigno grès tendres à ciment calcaire.

Cette zone comprend le Semnoz, le Parmelan, les vallées de Thônes et du Reposoir, le Môle, la chaîne des Aravis, le mont Joly, partie du Buet, les vallées de Sixt, de Tanin

ges, de Boëge, du Biot, de Saint-Jean-d'Aulph, d'Abondance.

Au nord du lac Léman cette zone se continue en Suisse
où elle comprend les montagnes de Vaud, de Gruyère, de
Fribourg, du Simmenthal pour se poursuivre dans la direction des lacs de Thun, des Quatre-Cantons et dans le
canton de Schwitz.

Le distingué professeur départemdntal d'agriculture de
la Savoie, M. Perrier de la Batie, qui a si bien caractérisé
cette zone, a fait ressortir ses magnifiques forêts de hêtres
et d'épicéas, sa flore riche et variée, éminemment calcicole,
la richesse de ses pâturages où abondent les légumineuses.
Il n'a pas hésité à le dire : c'est à la prédominance de ses
herbes et à la richesse en phosphates de ces terrains calcaires, qu'est due sans aucun doute la qualité du nombreux
et beau bétail qu'on rencontre sur cette zone ; les races
estimées d'Abondance, de Fribourg, du Simmenthal, de
Schwitz, de l'Allgau.

On peut donc comprendre que dans cette zone géologique
crétacée plus ou moins riche en phosphates, et sous l'influence du climat, de la nourriture, des races spéciales se
soient formées. Les races ont dû nécessairement avoir des
caractères distinctifs spéciaux déterminés ayant un développement d'autant plus grand que les ressources alimentaires étaient plus abondantes et plus complètes. De même
aussi ces races ont pu varier de couleur suivant l'habitat.

Ainsi se trouverait expliqué par la géologie comment la
race d'Abondance a pu se former.

Elle peut donc être considérée comme une race locale ana-
logue à celle du Simmenthal, ses proportions sont moins
fortes, résultat sans doute de la configuration du sol et des
ressources alimentaires. En tout cas elle est beaucoup
moins exigeante que la race Suisse; considérations très
importantes pour la conservation de cette race. Aussi re
marque-t-on maintenant que sur les marchés des arrondis-
sements de St Julien et d'Annecy, la race Chablaisienne

mieux appréciée s'est substituée aux races fémelines rumilienne et tarentaise. C'est qu'il a été reconnu qu'elle utilise mieux les ressources de votre agriculture. Aussi, Messieurs, je ne crois pas trop présumer de l'avenir, en vous disant qu'avant peu la race d'Abondance sera seule représentée dans la Haute-Savoie. Elle ne tardera pas non plus à être recherchée des départements voisins qui utiliseront ses qualités, son aptitude laitière, et n'hésiteront pas à la rechercher du moment qu'on pourra immédiatement la reconnaître par la couleur de son pelage différent de la Simmenthal et de la Montbéliarde, par une teinte rouge-pie. Alors vous ne serez plus tributaires de l'étranger.

Votre Sénateur, M. Folliet, vous a montré par la statistique des Douanes que dès maintenant 26.000 têtes de votre bétail sont exportées chaque année de votre département.

Les agriculteurs de l'arrondissement de Thonon, sans remonter à l'origine des choses, avaient, depuis longtemps, remarqué ce type de bétail bien conformé, ayant des caractères héréditaires possédant une aptitude laitière incontestable, et ils ont compris que, sous l'influence de croisements divers il n'avait pas conservé toute son homogénéité, mais qu'il pouvait être amélioré, sélectionné. Et avant même qu'il fut officiellement classé, le vaillant Président de la Société d'Agriculture de Thonon, à qui vous devez tant de bons résultats obtenus, M. Vernaz, avait pensé qu'il fallait réagir contre la prétendue amélioration des races par le croisement.

Dès 1890 il avait songé à créer un Herd-Book, c'est-à-dire un livre généalogique destiné à faire connaître la généalogie des familles d'animaux qui y sont inscrites. C'est une sorte de registre de l'état civil sur lequel ne doivent être inscrits que les sujets ayant les caractères zoologiques ou spécifiques de leur race, car à cette condition seulement l'inscription est une garantie héréditaire.

Depuis 1890, le Conseil général de la Haute-Savoie a toujours été saisi de la question du Herd-Book, du livre du troupeau.

Et toujours votre excellent, votre vaillant député M. Mercier a plaidé en sa faveur, il a fait ressortir les caractères de la race d'Abondance. Grâce à son énergie et à celle de l'infatigable M. Vernaz, on vit figurer au budget départemental de 1893-94 une subvention de 1500 fr, pour le premier établissement d'un Herd-Book.

Ainsi, les intelligents agriculteurs de l'arrondissement de Thonon marchaient de l'avant, et avec eux vos représentants, M. Mercier toujours en tête, si bien qu'au mois de décembre 1894 je reçus signée de votre Député et de M. le Sénateur Folliet une lettre dans laquelle on m'informait qu'à la dernière assemblée générale, la Société d'Agriculture de Thonon avait décidé de réclamer pour le mois de juin 1895 un Concours spécial de la race bovine Chablaisienne dite d'Abondance, ils me demandaient de vouloir bien les appuyer au Ministère.

J'écrivis à M. Tisserand, et je lui dis que la Race d'Abondance étant classée il me semblait juste qu'elle eut son Concours spécial. Je lui répétai qu'il y avait dans l'arrondissement de Thonon surtout, un bétail spécial facilement reconnaissable à sa robe, à sa conformation, à son aptitude et parfaitement adapté au milieu où il vit. N'est-ce pas là en effet le caractère d'une race qui est, dans l'espèce, un groupe défini, formé sous l'influence des milieux et dont les caractères sont transmissibles, par hérédité.

La variété elle-même est une race en voie de formation, c'est, comme on l'a dit, une candidature à la race.

Aussi j'ajoutai, quand même le bétail Chablaisien ne serait qu'une sous-race, qu'une variété d'une autre race commençant à posséder un ou plusieurs caractères communs non encore complètement transmissibles, il n'y a aucun inconvénient à admettre aux Concours régionaux et à un Concours spécial un bétail qui est sous la direction d'agriculteurs intelligents résolus à l'améliorer, à le sélectionner, et à en faire une race incontestable.

M. Tisserand qui a toujours été disposé à encourager

toutes les initiations ayant un but utile et pouvant déterminer un progrès, s'est décidé en faveur du Concours spécial de la race d'Abondance.

Et l'année dernière du 14 au 15 septembre, par un temps splendide, a eu lieu à Thonon le premier concours spécial; on y comptait 178 têtes de bétail; dont 50 taureaux et 128 vaches et génisses, parmi lesquelles on distinguait surtout les animaux de M. G. Monnet, propriétaire du domaine de Morillon.

Ces beaux animaux ont été admirés par M. Chautemps, Ministre des Colonies, pendant sa visite au Concours. Le bétail de M. Monnet se distingue en effet par son homogénéité, par sa finesse et sa couleur rouge.

A la distribution des récompenses, M. Vernaz, Président de la Société d'Agriculture de Thonon, a déclaré que le Herd-Book était ouvert jusqu'au 15 septembre 1896; il a recommandé que les premiers animaux inscrits mâles ou femelles soient bien choisis et d'une origine aussi pure que possible, ayant les caractères zoologiques et spécifiques de leur race, garantie certaine de leur puissance héréditaire et de la simultitude de leur descendance.

Ainsi, Messieurs, voilà l'œuvre importante accomplie en quelques années par la Société d'Agriculture de Thonon. Cette œuvre va se perfectionnant sans cesse. Je n'en veux d'autre preuve que les prix remportés cette année au Concours général agricole de Paris, à celui de Moulins, par MM. Molliet Edouard, Bartholoni Anatole, Monnet Gabriel, Jordan Elie, Grenat, Davet Charles, Davet César, et aussi le beau Concours que je viens de visiter et qui, malgré le mauvais temps, compte 175 têtes de la race Chablaisienne. J'ai été immédiatement frappé par l'ensemble déjà homogène de cette race. J'ai vu et admiré de nouveau le beau taureau de M. Molliet qui a obtenu un premier prix au Concours de Paris et à Moulins. Cet animal est très beau, très harmonieux de forme, et a une belle poitrine, des membres robustes et fins et une tête relativement fine et révélant sa charpente améliorée. Sa robe est d'une bonne teinte, la peau est souple. Avec des taureaux aussi bien sélectionnés, vous ne tarderez pas à améliorer votre belle race d'Abondance.

Il y avait un bel ensemble de vaches laitières et de veaux de bonne conformation et parmi les vaches nous avons surtout remarqué le bétail de M. Monnet et de M. Bartholoni déjà distingué aux Concours de Paris et de Moulins. M. Monnet a obtenu deux premiers prix et cinq autres prix pour son bétail qui forme un ensemble déjà bien sélectionné avec une robe rouge-pie uniforme et ses aptitudes laitières très remarquables. Je signalerai encore le taureau de M. Ambroise Echernier et ceux de M. Bossus Jean-Marie dont un a été déjà primé à Paris.

Vous voudrez bien, Messieurs, m'excuser d'avoir été si long, d'avoir abusé de votre patience, mais il m'a paru que le sujet en valait la peine. Vous n'avez qu'à continuer votre œuvre si bien commencée.

Améliorez vos prairies, vos pâturages, drainez, irriguez, employez des engrais, des phosphates, où cela est nécessaire. Continuez à augmenter vos ressources fourragères, à obtenir des conditions économiques analogues à celles de la Suisse et du Jura. Avec une bonne alimentation fourragère variée, composée des produits de vos pâturages, de vos prairies naturelles et artificielles additionnées de pommes de terre, de rutabagas, de navets, plantes rustiques qui supportent bien le climat alpin, votre bétail aura pendant le long hiver un supplément d'alimentation saine, rafraîchissante et lactifère.

Votre climat humide est favorable à la lactation. Elle n'est point entravée par les déperditions cutanées ; vous augmenterez encore la lactation par une gymnastique fonctionnelle bien entendue.

De même vous vous efforcerez de conjuguer les aptitudes des conformations semblables. Aussi bien la sélection combinée avec la consanguinité vous permettront de fixer des particularités nouvelles.

L'important pour vous c'est d'augmenter par l'alimentation, par la sélection, l'aptitude laitière en choisissant des femelles ayant tous les caractères laitiers et des mâles issus de mères laitières, ayant du féminisme, c'est-à-dire des caractères le rapprochant de la femelle.

Et comme l'a dit l'année dernière M. Tisserand au Concours spécial des Salers à Mauriac : « Ne croyez pas qu'en augmentant les facultés laitières de votre excellente et robuste race qui ne demande qu'à vous rémunérer libéralement de vos soins, vous diminuerez les qualités pour la boucherie.

« C'est une vérité zootechnique reconnue aujourd'hui que le perfectionnement d'assimilation d'un animal en vue de la production laitière profite à l'animal pour tous les autres services qu'on lui demande : une bête bonne laitière devient également une bête excellente pour l'engraissement quand, après avoir cessé de lui faire produire du lait, et qu'on ne l'a pas épuisée par une lactation trop prolongée, on lui demande de faire de la graisse ; en d'autres termes, le rendement en lait et en viande d'un animal croît proportionnellement à l'accroissement de sa puissance d'assimilation ou d'utilisation des fourrages qu'on lui donne. »

Ainsi vous pourrez entretenir de nombreuses fruitières, et sous ce rapport de très grands progrès ont été réalisés.

L'enquête de 1866 a constaté l'existence de 164 fruitières. Sur ce chiffre, 100 avaient été créées ou réorganisées en deux ans, résultat important dû pour la plus grande part à l'excellente brochure rédigée par M. Chautemps, Président du Comice agricole de St-Julien. L'auteur estimait que le lait consommé par les veaux ou transformé dans les ménages en beurre ou en fromages ordinaires ne rapportait que 5 à 6 centimes par litre tandis que le gruyère produisait le double ainsi que cela était démontré par les comptes de la fruitière de Valleiry, dirigée depuis 20 ans par M. Chautemps.

Les habitants de la Haute-Savoie ne tardèrent pas à voir

dans la création des fruitières un élément de richesse. En effet grâce à cette industrie, des villages vivant autrefois dans la misère se sont enrichis par l'entretien des troupeaux laitiers et par la fabrication du gruyère.

Grâce aux encouragements du Gouvernement de la République, la Haute-Savoie qui, en 1872, comptait 207 fromageries en avait 300 en 1890 et 330 en 1895, et certainement ce chiffre devra s'accroître encore.

Je ne puis oublier aussi de vous rappeler que c'est encore à la libéralité du gouvernement que quatre fruitières écoles ont été organisées en 1888 dans votre département, cette institution excellente avait été demandée au Conseil général par le Docteur de Lavenay. Les bons résultats n'ont pas tardé à se manifester, des progrès très sensibles ont été réalisés dans l'industrie fromagère, et avant peu elle sera à la hauteur des pays les plus réputés.

En présence de tels résultats que vous trouverez consignés dans l'intéressante brochure de votre professeur départemental M. Boiret, quels conseils puis-je donner à des agriculteurs comme vous, à des hommes instruits, intelligents, pleins d'initiative, de courage et de persévérance. Je ne puis que vous encourager à continuer votre œuvre que j'ai suivie avec la plus grande attention ; c'est pour cela que malgré la distance j'ai quitté mon pays natal Angerville où votre éminent compatriote M. Chautemps a trouvé les premiers amis qui l'ont soutenu au début de sa carrière politique.

Vous avez, Messieurs, accompli une œuvre patriotique. Vous avez accru la prospérité de votre pays, vous avez obtenu des récoltes plus abondantes, vous êtes en très bonne voie d'amélioration pour votre bétail, et votre industrie fromagère ne va plus rien laisser à désirer. Vous avez compris qu'à notre époque il faut savoir agir, car nous avons à lutter contre la concurrence étrangère ; c'est un combat de tous les jours, et la victoire sera aux plus instruits, aux plus intelligents, aux plus laborieux.

Malheur à ceux qui resteront en arrière.

Nous avons à lutter aussi contre des doctrines révolutionnaires qui portent atteinte à la liberté individuelle, aux conquêtes de la révolution française. Nous sommes menacés d'un socialisme qui feint d'oublier que la confiance de l'individu en lui-même et le respect par l'Etat de la liberté naturelle sont les conditions nécessaires de la force des Etats, de la prospérité des sociétés et de la grandeur des peuples.

Nous avons enfin à lutter contre le fléau des armées permanentes, contre la menace de guerre, cette cruelle ennemie de l'Agriculture. Heureusement, Messieurs, un puissant allié va venir au milieu de nous, donner à la France des gages d'union qui sont une garantie de paix féconde si nécessaire pour nos campagnes. Qui donc en face de l'union de la France et de la Russie oserait troubler la paix ? Néanmoins, ce n'est pas le moment d'affaiblir l'idée de patrie si vivace dans vos cœurs. Comme l'a dit l'année dernière à ce Concours, avec une si sincère émotion, M. Mercier, votre Député :

« Ici plus que partout ailleurs on a ressenti il y 25 ans l'amertume des désastres de 1870, mais on a cherché à s'en consoler en pensant à Iéna. Et lors de la perte de nos chères provinces, on s'est rappelé que notre Dessaix avait été gouverneur de Berlin. »

Non, Messieurs, ce n'est point sur la terre natale de Dessaix, de Dupas, de Chastel, de Bochaton, qui ont défendu la France sur tous les champs de bataille qu'on verra le sentiment de la patrie s'affaiblir.

Je termine, Messieurs, en vous disant combien Monsieur Méline, Président du Conseil, Ministre de l'Agriculture, regrettera de n'avoir pu venir lui-même constater à ce Concours tous les progrès que vous avez réalisés dans l'agriculture de votre beau département. Et combien ne sera-t-il pas satisfait d'apprendre que vous êtes tous convaincus, comme lui, qu'il faut ramener les capitaux, les intelligences à la terre, que c'est là le but supérieur à atteindre, la grande œuvre sociale à réaliser.

« De Lavergne disait qu'un homme adulte représente le plus précieux capital d'une nation. La France ne contient pas plus de six millions de travailleurs effectifs qui portent tout le poids de la production : les deux tiers environ habitent les champs, d'où il suit que chaque cultivateur doit produire en moyenne la subsistance de dix personnes.

Enlever ou rendre 100.000 ouvriers au sol, c'est lui ôter ou lui donner les moyens de nourrir un million d'êtres humains. Voilà, ainsi que vous l'avez compris, Messieurs, comment le sol est la Patrie. Le cultiver, le rendre fécond, c'est travailler à votre fortune, à votre indépendance, c'est accroître les forces, la richesse et la grandeur de la France.

PRIX

**obtenus par la Race bovine Chablaisienne
dite d'Abondance,
depuis 1895**

CONCOURS SPÉCIAL DE THONON-LES-BAINS

(1895)

MALES

Ire SECTION. — *Animaux n'ayant pas deux dents
de remplacement.*

1er Prix   Fleury Joseph, de St-Paul.
2e »   Molliet Edouard, de Villard-sur-Boëge.
3e »   Pomel François, de Cervens.
3e » (bis)   Monnet Gabriel, Domaine de Morillon (Thonon).
4e »   Berthet Joseph, d'Abondance.
4e » (bis)   Bossu Jean-Marie, de Cervens.
5e »   Echarnier Ambroise, de Publier.
5e » (bis)   Maxit Antoine, de La Chapelle.
6e »   Monnet Gabriel, Domaine de Morillon (Thonon).
7e »   »   »   »
8e »   Bochaton François, de Chignan.
9e »   Dépierre Alphonse, de Mâcheron.
10e »   Bartholoni Anatole, Château de Coudrée (Sciez).

IIme SECTION. — *Animaux n'ayant que deux dents de remplacement.*

1er Prix   Durand Eugène, de Lausenettaz.
2e   »   Baud-Grasset Hippolyte, de Bogève.
3e   »   Jordan Elie, Collonges (Thonon).

IIIme SECTION. — *Animaux ayant plus de deux dents de remplacement.*

1er Prix   Bartholoni Anatole, Chateau de Coudrée (Sciez).
2e   »   Dépierre Alphonse, de Mâcheron.
3e   »   Rey Joseph, de Bellevaux.

FEMELLES

Ire SECTION. — *Animaux n'ayant pas de dents de remplacement.*

1er Prix   Molliet Edouard, de Villard-sur-Boëge.
2e   »   Bullat Alfred, d'Excenevex.
3e   »   Démeyrier Jean-Claude, de Massongy.
4e   »   Favre Jules, de Massongy.
5e   »   Monnet Gabriel, Domaine de Morillon (Thonon).

II^{mo} SECTION. — *Animaux n'ayant que deux dents de remplacement.*

1er Prix   Fichard François, de Chens.
2e   »   Pinget Joseph, de Bogève.
3e   »   Maxit François, de La Chapelle.
4e   »   Mottiez Jean-Claude, de Vacheresse.
5e   »   Guichard Jean, de Jussy-Sciez.

IIIᵐᵉ Section. — *Animaux n'ayant que quatre dents
de remplacement.*
(Vaches pleines ou à lait)

1ᵉʳ Prix   Tagand Joseph, de Vacheresse.
2ᵉ »   Vindret Marie, de Perrignier.
3ᵉ »   Boccard François, de La Chapelle.
4ᵉ »   Bartholoni Anatole, Château de Coudrée (Sciez).
5ᵉ »   Berthet Ambroise, d'Abondance.

IVᵐᵉ Section. — *Animaux ayant plus de quatre dents
de remplacement.*
(Vaches pleines ou à lait)

1ᵉʳ Prix   Monnet Gabriel, Domaine de Morillon (Thonon).
2ᵉ »   Boulard Jules, de Massongy.
3ᵉ »   Echarnier Ambroise, de Publier.
4ᵉ »   Bartholoni Anatole, Château de Coudrée (Sciez).
5ᵉ »   Monnet Gabriel, Domaine de Morillon (Thonon).
6ᵉ »   Bartholoni Anatole, Château de Coudrée (Sciez).
7ᵉ »   Chappuis, de Chignan.
8ᵉ »   Maxit François, de La Chapelle.
9ᵉ »   Monnet Gabriel, Domaine de Morillon (Thonon).
10ᵉ »   Favre Jean-Marie, d'Evian.
11ᵉ »   Command Victor, de La Chapelle.
12ᵉ »   Pinget Joseph, de Bogève.
13ᵉ »   Monnet Gabriel, Domaine de Morillon (Thonon).
14ᵉ »   Desuzinges Joseph, d'Allinges.
15ᵉ »   Blanchard François, de Thonon.

FEMELLES

*Prix d'ensemble au plus beau lot de vaches laitières
provenant de la même écurie.*

Monnet Gabriel, Domaine de Morillon (Thonon).

CONCOURS SPÉCIAL DE THONON-LES-BAINS

(1896)

MÂLES

Ier Section. — *Taureaux au-dessous de deux ans.*

1er Prix.   Echarnier Ambroise, de Publier.
2e »   Monnet Gabriel, Domaine de Morillon (Thonon).
3e »   Bartholoni Anatole, Château de Coudrée (Sciez).
4e »   Bochaton, de Thonon.
5e »   Monnet Gabriel, Domaine de Morillon (Thonon).
6e »   Baud-Grasset François, de Bogève.
7e »   Bartholoni Anatole, Château de Coudrée (Sciez).
8e »   Vuattoux Antoine, de Margencel.

IIme Section. — *Taureaux au-dessus de deux ans.*

1er Prix   Molliet Edouard de Villard-s-Boëge (hors conc^{rs})
2e »   Cottet Henri, d'Evian.
3e »   Veuve Durand Eugène, d'Allinges.
4e »   Bossus Jean-Marie, de Cervens.
5e »   Ruche Jean-Marie, de Brens.
6e »   Bossus Jean-Marie, de Cervens.

FEMELLES

Ire Section. — *Génisses au-dessous de deux ans.*

1er Prix   Romand Jean, de Thonon.
2e »   Desportes Maurice, de La Chapelle.
3e »   Fichard François, de Chens.
4e »   Monnet Gabriel, Domaine de Morillon (Thonon).
5e »   Charrière Pierre, de Boëge.
6e »   Veillet François-Alexandre, de Lullin.
7e »   Dufour Marie, de Massongy.

IIᵐᵉ **Section.** — *Génisses de deux à trois ans.*

1ᵉʳ Prix   Monnet Gabriel, Domaine de Morillon (Thonon).
2ᵉ   »   Fleury Joseph, de Sᵗ-Paul.
3ᵉ   »   Tagand Joseph, de Vacheresse.
4ᵉ   »   Monnet Gabriel, Domaine de Morillon (Thonon).
5ᵉ   »   Cottet Henri, d'Evian.
6ᵉ   »   Berthet Joseph, d'Allinges.
7ᵉ   »   Guichard Jean, de Sciez.
8ᵉ   «   Jordan Elie, Collonges (Thonon).

IIIᵐᵉ **Section.** — *Vaches laitières.*

1ᵉʳ Prix ex æquo   Monnet Gabriel, Domaine de Morillon (Thonon)
                  Bartholoni Anatole, Château de Coudrée (Sciez).
2ᵉ   »   »   »   »
3ᵉ   »   »   »   »
4ᵉ   »   Fichard François, de Chens.
5ᵉ   »   Charrière Pierre, de Boëge.
6ᵉ   »   Gougain Louis, de Bellevaux.
7ᵉ   »   Bartholoni Anatole, Château de Coudrée (Sciez).
8ᵉ   »   Bondaz Joseph, de Thonon.
9ᵉ   »   Delavouet, de Bogève.
10ᵉ   «   Bullat Alfred, d'Excenevex.
11ᵉ   »   Echarnier Ambroise, de Publier.
12ᵉ   »   Veuve Dupraz Marie, de Lullin.

COMICE AGRICOLE D'ABONDANCE

(1896)

MALES

1ᵉʳ Prix		Cochet François, de Châtel.
2ᵉ	»	Command Victor, de La Chapelle.
3ᵉ	»	Folliet André, d'Abondance.
4ᵉ	»	Tagand François, de Vacheresse.
5ᵉ	»	Maxit Antoine, de La Chapelle.
6ᵉ	»	Aimont Hippolyte, d'Abondance.

Vaches laitières.

1ᵉʳ Prix.		Pasquier Simon, de La Chapelle.
2ᵉ	»	Aimont Hippolyte, d'Abondance.
3ᵉ	»	Maxit Antoine, de La Chapelle.
4ᵉ	»	Trosset Julien, de La Chapelle.
5ᵉ	»	Blanc François, d'Abondance.
6ᵉ	»	Pelleix François, d'Abondance.
7ᵉ	»	Berthet Joseph, d'Abondance.
(ex-œquo)		Girard Noyer Émile, d'Abondance.

Génisses de 1 à 2 ans.

1ᵉʳ Prix.		Command François, de La Chapelle.
2ᵉ	»	» »
3ᵉ	»	Command Victor, de La Chapelle.
4ᵉ	»	Gagneux André, d'Abondance.

Génisses au-dessus de deux ans.

1er Prix.   Grillet Jean, de Châtel.
2e   »   Pelleix François, d'Abondance.
3e   »   Molaz André, d'Abondance.
4e   »   Veuve Liège, d'Abondance.

CONCOURS GÉNÉRAL DE PARIS

(1896)

MALES

Ire Section. — *Animaux de dix mois à deux ans.*

1er Prix.   Molliet Edouard, de Villard-sur-Boëge.
3e   »   Bartholoni Anatole, Château de Coudrée (Sciez).

IIme Section. — *Animaux de deux à quatre ans.*

1er Prix.   Jordan Elie, Collonges (Thonon).

FEMELLES

Ire Section. — *Génisses de deux à trois ans.*

2e Prix.   Davet Charles, d'Evian.

IIme Section. — *Vaches de plus de trois ans.*

2e Prix.   Bartholoni Anatole, Château de Coudrée (Sciez).
3e   »   Davet Charles, d'Evian.

Bandes de vaches laitières.

5e Prix   Monnet Gabriel, Domaine de Morillon (Thonon).

CONCOURS RÉGIONAL DE MOULINS
(1896)

MALES

Ire Section. — *Animaux de un à deux ans.*

Prix unique. Molliet Edouard, de Villard-sur-Boëge.
Prix supplémentaire. Monnet Gabriel, Domaine de Morillon
     »   Bartholoni Anatole, Château de Coudrée

IIme Section. — *Animaux de deux à quatre ans.*

Prix unique. Jordan Elie, Collonges (Thonon).
Prix supplémentaire. Grenat Joseph, de Vacheresse.

FEMELLES

Ire Section. — *Génisses de un à deux ans.*

Prix unique. Monnet Gabriel, Domaine de Morillon (Thonon)

IIme Sous-Section. — *(Propriétaires de moins de 30 hecta^{res})*

Prix unique. Davet Charles, d'Evian.

IIme Section. — *Génisses de deux à trois ans.*

Prix unique. Monnet Gabriel, Domaine de Morillon (Thonon)

IIme Sous-Section. — *(Propriétaires ayant moins
de 30 hectares).*

Prix unique. Davet César, d'Evian.

IIIme Section. — *Vaches de plus de trois ans.*

1er Prix. Jordan Elie, de Collonges (Thonon).
2e   »   Molliet Edouard, de Villard-sur-Boëge.

IIme Sous-Section. — *(Propriétaires ayant moins
de 30 hectares.)*

Prix unique. Davet Charles, d'Evian.

CONCOURS GÉNÉRAL DE PARIS

(1897)

MALES

Iʳᵉ Section. — *Animaux de dix mois à deux ans.*

2ᵉ Prix   Monnet Gabriel, Domaine de Morillon (Thonon).
3ᵉ   »   Molliet Edouard, de Villard-sur-Boëge.

IIᵉ Section. — *Animaux de deux à quatre ans.*

2ᵉ Prix   Bartholoni Anatole, Château de Coudrée (Sciez).

FEMELLES

Iʳᵉ Section. — *Génisses de deux à trois ans.*

1ᵉʳ Prix   Monnet Gabriel, Domaine de Morillon (Thonon).

IIᵐᵉ Section. — *Vaches de plus de trois ans.*

1ᵉʳ Prix   Bartholoni Anatole, Château de Coudrée (Sciez).

CONCLUSIONS

On ne saurait trop recommander aux éleveurs de faire inscrire leurs animaux au Herd-Book Chablaisien. C'est une garantie de plus value à un moment donné.

Supposons un étranger venant en Chablais dans l'intention d'introduire dans son exploitation la race d'Abondance. Le plus souvent il ne connaîtra pas très bien les caractères spéciaux qui distinguent notre race, et dans la crainte d'être trompé, il achètera le livre du Herd-Book pour se renseigner, et il n'hésitera pas à payer bien plus cher un animal inscrit.

Les animaux des races possédant leur Herd-Book atteignent aujourd'hui des prix incroyables.

On voit chaque année vendre des taureaux Durham de 20 à 30,000 fr. Au mois d'avril 1897 un taureau Charollais a été acheté pour la Russie 23,500 fr. et plusieurs vaches de la même espèce dans les prix de 1800 à 2000 fr. Au Concours général de Paris en 1897, Mme Grollier a acheté plusieurs taureaux pour Buénos-Ayres dans les prix de 5 à 6000 fr. pièce.

Sans avoir la prétention d'arriver à ces chiffres nous pouvons cependant espérer des prix beaucoup plus rémunérateurs que ceux auxquels nous vendons actuellement notre bétail.

Que tous nos éleveurs se mettent sérieusement à l'œuvre et poursuivent le même but, savoir :

1° Alimentation riche et abondante des jeunes élèves, propreté et salubrité des étables ;

2° Choix judicieux des taureaux, pelage rouge-acajou pie, canons courts, écusson très marqué, charpente régulière, ligne du dos droite ;

3° Vendre tous les veaux portant la moindre trace de taches noires dans le manteau, aux sabots, au museau, à la langue et au palais.

Dans quelques années, nous aurons une race uniforme de plus en plus recherchée des étrangers.

N'oublions pas que la Haute-Savoie possède plus de 100,000 têtes de bétail et qu'une augmentation de 10 francs par tête seulement représente *un million !*

Nota. — Dans la séance du 20 Juin 1897 tenue à Annemasse, la Société d'Agriculture de Bonneville, par l'organe de son Président, M. Morel-Frédel, a demandé que la Commission de classement veuille bien se rendre, avant le Concours spécial d'Annemasse fixé aux 18 et 19 septembre 1897, dans les principaux centres de l'arrondissement afin de marquer le bétail qui présente les caractères de la race d'Abondance.

La Commission consultée a accepté cette mission.

La tournée aura lieu en août prochain.

Une subvention de l'Etat a été sollicitée à cet effet.

Le Secrétaire,

U.-G. MONNET.

Le Président,

A.-J. VERNAZ,

Officier du Mérite Agricole.

LIVRE GÉNÉALOGIQUE

INDEX

PREMIÈRE PARTIE

INDEX.

Indiquant, par ordre alphabétique et par sexe,
les noms des animaux
inscrits dans le présent volume
leurs numéros d'ordre, les noms des éleveurs
et possesseurs
et les pages dans lesquelles les animaux sont inscrits

Nos D'ORDRE	NOMS des ANIMAUX	DÉSIGNATION DES ÉLEVEURS ou des PREMIERS PROPRIÉTAIRES	INDICATION du DERNIER PROPRIÉTAIRE	Pages du présent volume
		MALES		
1	Agile	Rey Joseph	Vendu à l'étranger	90
2	Amoureux	Dépierre Alphonse	Dépierre Alphonse	90
3	id.	Maxit Antoine	Maxit Antoine	90
4	id.	Veuve Brélaz-Folliet	Veuve Brélaz-Folliet	91
5	Aramis	Baud-Grasset François	Baud-Grasset François	91
6	Ardent	Pariat François	Tué	91
7	id.	Tagand François	Tagand François	91
8	Athos	Vulliez François	Vulliez François	91
9	Atlas	Bartholoni A.	Bartholoni A.	91
10	Baron	Monnet Gabriel	Gonnet C.	92
11	id.	Jordan Maurice	Jordan Maurice	92
12	Bellot	Vulliez Camille	Vulliez Camille	92
13	Bernex	Buttay And. Marchand	Buttay And. Marchand	92
14	Bijou	Monnet Gabriel	Vendu à Marseille	92
15	id.	Genoud Eugène	Genoud Eugène	92
16	Bismarck	Grillet-Mugnier Fçois	Grillet-Mugnier Fçois	93
17	id.	Genoud Eugène	Emasculé	93
18	Blocus	Dépierre Alphonse	Dépierre Alphonse	93
19	Bobo	Jordan Elie	Jordan Elie	93
20	Bochard	Ducret Jacques	Ducret Jacques	93
21	Boléro	Monnet Gabriel	Vendu à Marseille	93
22	Briquet	Dépierre Alphonse	Dépierre Alphonse	94
23	Calouin	Baud Claude-François	Baud Claude-François	94
24	Caprice	Monnet Gabriel	Vendu au Concours Gén. Paris 1896	94
25	id.	Command Victor	Command Victor	94
26	Capricieux	Morel François	Morel François	94

Nos D'ORDRE	NOMS des ANIMAUX	DÉSIGNATION DES ÉLEVEURS ou des PREMIERS PROPRIÉTAIRES	INDICATION du DERNIER PROPRIÉTAIRE	Pages du présent volume
27	Gerbère	Echarnier Eugène	Echarnier Eugène	94
28	Charlot	Baud Fs feu Philibert	Baud Fs feu Philibert	95
29	Chatagnat	Chevallay Joséphine	Tué	95
30	Chablais	Carraud Basile	Vendu à l'étranger	95
31	Coquin	David Maurice-Félix	David Maurice-Félix	95
32	Coupet	Depotex Ignace	Depotex Ignace	95
33	Dahlia	Jordan Elie	Jordan Elie	95
34	Dartagnan	Bartholoni A.	Vendu à l'étranger	96
35	Duc	Monnet Gabriel	Monnet Gabriel	96
36	Eclair	Mercier André	Vendu à l'étranger	96
37	Enervé	Bossus Jean-Marie	Bossus Jean-Marie	96
38	Eprouvé	Aymand Hyacinthe	Aymand Hyacinthe	96
39	Fleuri	Echarnier Ambroise	Echarnier Ambroise	96
40	Fontainien	Buttay Joseph	Emasculé	97
41	Fortunat	Bondaz Pierre	Bondaz Pierre	97
42	Foudroyant	Portier Alexis	Portier Alexis	97
43	Fripon	Piccot Joseph feu Fçois	Piccot Joseph feu Fçois	97
44	Gabian	Bartholoni A.	Emasculé	97
45	Gaillard	Vulliez Claude	Vulliez Claude	97
46	id.	Benand Jean	Benand Jean	98
47	id.	Grandjux Marie	Grandjux Marie	98
48	Goulu dit Volant	Jordan Elie	Jordan Elie	98
49	Grillet	Baud-Grasset Hyacint.	Baud-Grasset Hyacint.	98
50	Grivat	Colloud François	Colloud François	98
51	Horloger	Bouvet Nazaire	Bouvet Nazaire	98
52	Indomptable	Blanc François	Blanc François	99
53	Jaillet	Bartholoni A.	Vendu à l'étranger	99
54	id.	Sache Julien	id.	99

N^{os} D'ORDRE	NOMS des ANIMAUX	DÉSIGNATION DES ÉLEVEURS ou des PREMIERS PROPRIÉTAIRES	INDICATION du DERNIER PROPRIÉTAIRE	Pages du présent volume
55	Jaillet	Meynet H.	Vendu à Marseille	99
56	id.	Colloud Jos. feu Fçois	Colloud Jos. feu Fçois	99
57	id.	Carraud Basile	Carraud Basile	99
58	Janvier	Blanc Jean-Louis	Blanc Jean-Louis	100
59	Joli	Vuattoux Horin Fçojs	Vuattoux Horin Fçois	100
60	id.	Berthoud Joseph	Berthoud Joseph	100
61	Jupiter	Besançon Louis	Besançon Louis	100
62	Lion	Bartholoni A.	Vendu au Concours gén. Paris 1896	100
63	id.	Veuve Pellex	Veuve Pellex	100
64	id.	Bochet Jean	Bochet Jean	101
65	id.	Premat François	Premat François	101
66	id.	Vulliez Augustin	Vulliez Augustin	101
67	id.	Crépy François	Crépy François	101
68	id.	Blanc François	Blanc François	101
69	id.	Tochet François	Duborgel	101
70	id.	Colloud François	Colloud François	102
71	Lombard	Durand Antoine	Durand Antoine	102
72	Lucifer	Vesin François Baguin	Vesin Fçois Baguin	102
73	Magloire	Dépierre Alphouse	Dépierre Alphonse	102
74	Manant	Berthet Jos. feu Claude	Berthet Jos. feu Claude	102
75	Marco	Pommel François	Tué	102
76	Marcel	Bartholoni A.	Vendu à Marseille	103
77	Marquis	Durand Antoine	Durand Antoine	103
78	id.	Monnet Gabriel	Vernaz Julien	103
79	id.	Pollient François	Pollient François	103
80	id.	Charmot René	Charmot René	103
81	id.	Favre François	Favre François	103
82	id.	Grenat Jos. Petit André	Grenat Jos. Petit André	104

Nos D'ORDRE	NOMS des ANIMAUX	DÉSIGNATION DES ÉLEVEURS ou des PREMIERS PROPRIÉTAIRES	INDICATION du DERNIER PROPRIÉTAIRE	Pages du présent volume
83	Mars	Moynat François	Emasculé	104
84	id.	Joly Louis	Joly Louis	104
85	id.	Bartholoni A.	Bartholoni A.	104
86	id.	Vesin Félix	Vesin Félix	104
87	Moulin	Jacquier Joseph	Emasculé	104
88	Mouthet	Soudan François	id.	105
89	id.	Charmot René	Charmot René	105
90	id.	Requet André	Requet André	105
91	id.	Genoud François	Genoud François	105
92	id.	Bossus Jean-Marie	Bossus Jean-Marie	105
93	Neptune	Maxit François	Maxit François	105
94	Néron	Bartholoni A.	Emasculé	106
95	Ovide	id	id.	106
96	Pacha	Tochet François	Tochet François	106
97	Papillon	Bullat Alfred	Bullat Alfred	106
98	Paris	Bireau Charles	Emasculé	106
100	Patoniou	Requet André	Requet André	106
101	Pipo	Condevaux feu Georges	Vendu à l'étranger	107
102	Pluton	Maxit François	Maxit François	107
103	id.	Vesin Fçois Baguin	Vesin François Baguin	107
104	id.	Vve David-Vanne A.	Vve David-Vanne A.	107
105	Polux	Cottet Henri	Cottet Henri	107
106	Pompon	id.	id.	107
107	id.	Carraud Basile	Vendu à l'étranger	108
108	Porthos	Molliet Edouard	Bartholoni A.	108

Nos d'ordre	NOMS des ANIMAUX	DÉSIGNATION DES ÉLEVEURS ou des PREMIERS PROPRIÉTAIRES	INDICATION du DERNIER PROPRIÉTAIRE	Pages du présent volume
109	Porthos	Molliet Edouard	Molliet Edouard	108
110	Rigolot	Pinget Joseph	Pinget Joseph	108
111	Ristal	Dumont Gaëtan	Dumont Gaëtan	108
112	Roc	Command Victor	Vendu à l'étranger	108
113	Rocher	Dépierre Alphonse	Dépierre Alphonse	109
114	Roméo	Bartholoni A.	Emasculé	109
115	Roquet	Benand Jean	Benand Jean	109
116	Samedi	Vulliez	Tué	109
117	Sapin	Chevallay Aubin	Emasculé	109
118	Savoyard	Bireau Auguste	id.	109
119	Soucieux	Bochaton François	id.	110
120	Sultan	Condevaux J.-M.	Condevaux J.-M.	110
121	id.	Benand J.-M.	Benand J.-M.	110
122	id.	Maxit François	Maxit François	110
123	id.	Monnet Gabriel	Vernaz André-Joseph	110
124	id.	Buffet Pierre	Buffet Pierre	110
125	Tareau	Ducret Jean	Cottet juge	111
126	id.	Folliet André	Folliet André	111
127	Titan	Blanc J.-L.	Blanc J.-L.	111
128	Toto	Fichard Joseph	Fichard Joseph	111
129	Tourlourou	Dépierre Alphonse	Dépierre Alphonse	111
130	Uranus	Bochaton François	Emasculé	111
131	Vaillant	Veuve Perrin	Vendu à l'étranger	112
132	Vainqueur	Mudry Jacques	Mudry Jacques	112
133	id.	Chevallay conseiller	Chevallay conseiller	112
134	Vallon	Dépierre Alphonse	Dépierre Alphonse	112
135	Volcan	Echarnier Ambroise	Echarnier Ambroise	112
136	Vulcain	Blanc J.-L.	Blanc J.-L.	112

Nos d'ordre	NOMS des ANIMAUX	DÉSIGNATION DES ÉLEVEURS ou des PREMIERS PROPRIÉTAIRES	INDICATION du DERNIER PROPRIÉTAIRE	Pages du présent volume
137	Youyou	Cottet Henri	Cottet Henri	113
138	Zoulou	Bartholoni A.	Bartholoni A.	113

FEMELLES

Nos d'ordre	NOMS des ANIMAUX	DÉSIGNATION DES ÉLEVEURS ou des PREMIERS PROPRIÉTAIRES	INDICATION du DERNIER PROPRIÉTAIRE	Pages du présent volume
1	Abondance	Sage Péronne	Sage Péronne	113
2	id.	Félizas Joseph	Félizas Joseph	113
3	id.	Dumont Gaëtan	Dumont Gaëtan	113
4	id.	Charrière Joseph	Charrière Joseph	114
5	id.	Baud Marie	Baud Marie	114
6	id.	Morel-Vulliez Louis	Morel-Vulliez Louis	114
7	id.	Nière Louis Maréchal	Nière Louis Maréchal	114
9	id.	Piccot Anselme	Piccot Anselme	114
10	id.	Piccot Ephise	Piccot Ephise	114
11	Agréable	Morel François	Morel François	115
12	Allemande	Mouthon Jean	Mouthon Jean	115
13	id.	Mouthon Fçois-Marie	Mouthon Fçois-Marie	115
14	Alphonsine	Rossiaud	Rossiaud	115
15	Amélie	Bartholoni Anatole	Périe	115
16	Amazone	Pingel Léon	Pingel Léon	115
17	Amoureuse	Morel François	Morel François	116
18	Armone	Bel Jules	Bel Jules	116
19	Autriche	Magnin Joseph	Magnin Joseph	116
20	Badingue	Aymond Hyacinthe	Aymond Hyacinthe	116
21	Bardot	Bouvier Alexandre	Bouvier Alexandre	116
22	id.	Lausenaz François	Lausenaz François	116
23	id.	Sache Julien	Sache Julien	117

Nos D'ORDRE	NOMS des ANIMAUX	DÉSIGNATION DES ÉLEVEURS ou des PREMIERS PROPRIÉTAIRES	INDICATION du DERNIER PROPRIÉTAIRE	Pages du présent volume
24	Bardot	Mercier	Mercier	117
25	id.	Tagand Joseph	Tagand Joseph	117
26	id.	Tagand Pierre-Alexis	Tagand Pierre-Alexis	117
27	id.	Mercier André	Vendue à l'étranger	117
28	id.	Folliet André feu Jos.	id.	117
29	id.	Cruz Maurice	Cruz Maurice	118
30	id.	Maxit Antoine	Maxit Antoine	118
31	id.	Desportes Maurice	Desportes Maurice	118
32	id.	Favre Julien	Favre Julien	118
33	id.	Berthet Jos. Miolène	Berthet Jos. Miolène	118
34	id.	Bochet Jean	Bochet Jean	118
35	id.	Cottet Maurice	Cottet Maurice	119
36	id.	Tournier Maurice	Tournier Maurice	119
37	id.	Renevier François	Renevier François	119
38	id.	Plumet Pierre	Burtin Eugène	119
39	id.	Premat Henri	Premat Henri	119
40	Baril	Veuve Morand	Veuve Morand	119
41	Baronne	Bartholoni Anatole	Bartholoni Anatole	120
42	id.	Vulliez maire	Vulliez maire	120
43	id.	Monnet Gabriel	Gonnet C.	120
44	id.	Mouthon Fs-Marie	Mouthon Fs-Marie	120
45	id.	Jacquier Pierre	Jacquier Pierre	120
46	id.	Gaillet Jean-Marie	Gaillet Jean-Marie	120
47	Bataille	Folliet André feu Jos.	Tuée	121
48	Bataillon	Cruz frères	Cruz frères	121
49	id.	Crépy Anne	Crépy Anne	121
50	Belle	Suchet Pierre feu Blaise	Suchet Pierre feu Blaise	121
51	id.	Rosset François	Rosset François	121
52	Belline	Lausenaz François	Lausenaz François	121
53	id.	Petit-Jean Joseph	Petit-Jean Joseph	122

Nᵒˢ D'ORDRE	NOMS des ANIMAUX	DÉSIGNATION DES ÉLEVEURS ou des PREMIERS PROPRIÉTAIRES	INDICATION du DERNIER PROPRIÉTAIRE	Pages du présent volume
54	Belline	Turpin Nicolas	Turpin Nicolas	122
55	id.	Gaillet Jean-Marie	Gaillet Jean-Marie	122
56	id.	Gagneux André	Gagneux André	122
57	Bellone	Grenat Jos. feu Michel	Grenat Jos. feu Michel	122
58	id.	Command Alphonse	Command Alphonse	122
59	id.	Vuarand Antoine	Vuarand Antoine	123
60	id.	David Maurice	David Maurice	123
61	Bérézina	Command Veuve	Command Veuve	123
62	Bergère	Francoz Etienne	Francoz Etienne	123
63	id.	Bondaz Louis	Bondaz Louis	123
64	Biche	Baron Blanc	Baron Blanc	123
65	id.	Bartholoni Anatole	Bartholoni Anatole	124
66	Bijou	Degenève Pierre	Degenève Pierre	124
67	id.	Bartholoni Anatole	Bartholoni Anatole	124
68	id.	Trincaz Joseph	Vendue à Marseille	124
69	Bismarck	Marchand Millet Jean	Marchand Millet Jean	124
70	Blaisine	Boulens François	Boulens François	124
71	Blanche	Bouvier Jean feu Louis	Bouvier Jean feu Louis	125
72	id.	Crétin Joseph	Crétin Joseph	125
73	id.	Baud Pierre fils de Fˢ	Baud Pierre fils de Fˢ	125
74	Blanchette	Folliet André feu Jos.	Folliet André feu Jos.	125
75	id.	Voisin François	Voisin François	125
76	id.	Desportes Ignace	Desportes Ignace	125
77	id.	Trosset Ambroise	Trosset Ambroise	126
78	id.	David Etienne	David Etienne	126
79	id.	Marchand Millet Jos.	Marchand Millet Jos.	126
80	id.	Rubens François	Rubens François	126
81	id.	Grenat Jean	Grenat Jean	126
82	id.	Vuarand Ambroise	Vuarand Ambroise	126

N⁰ˢ D'ORDRE	NOMS des ANIMAUX	DÉSIGNATION DES ÉLEVEURS ou des PREMIERS PROPRIÉTAIRES	INDICATION du DERNIER PROPRIÉTAIRE	Pages du présent volume
83	Blanchette	Marchand Revers Mar.	Marchand Revers Mar.	127
84	id.	Desportes Jos.-André	Desportes Jos.-André	127
85	Blonde	Command Victor	Command Victor	127
86	id.	Vallet frères	Vallet frères	127
87	id.	Molliand Marie	Molliand Marie	127
88	Blondine	Tagand Fçois-Prosper	Tagand Fçois-Prosper	127
89	id.	Bovet François	Bovet François	128
90	Bobine	Clerc Louis	Clerc Louis	128
91	Bombarde	Mortier Jean-Claude	Mortier Jean-Claude	128
92	Bonbonne	Périllat Frédéric	Périllat Frédéric	128
93	Bonne	Portier Clément	Portier Clément	128
94	Bordée	Tagand François	Tagand François	128
95	Boucharde	Trosset François	Trosset François	129
96	id.	Bochaton Charles	Bochaton Charles	129
97	id.	Sache Julien	Sache Julien	129
98	id.	Cettour Joseph	Cettour Joseph	129
99	id.	Blanc François	Blanc François	129
100	id.	Charles Fˢ feu Jean	Vendue à l'étranger	129
101	id.	Gallay Louis	Gallay Louis	130
102	id.	Favre Augustin	Favre Augustin	130
103	id.	Petit-Jean François	Petit-Jean François	130
104	id.	Vve Bron Athanase	Vve Bron Athanase	130
105	id.	Lolioz Jean-François	Lolioz Jean-François	130
106	id.	Tagand Pierre-Alexis	Tagand Pierre-Alexis	130
107	id.	Grenat-Petit André	Grenat-Petit André	131
108	id.	Rosier Emmanuel	Rosier Emmanuel	131
109	id.	Francoz Simon	Francoz Simon	131
110	id.	Tagand François	Tagand François	131

Nos d'ordre	NOMS des ANIMAUX	DÉSIGNATION DES ÉLEVEURS ou des PREMIERS PROPRIÉTAIRES	INDICATION du DERNIER PROPRIÉTAIRE	Pages du présent volume
111	Boucharde	Folliet André feu Jos.	Folliet André feu Jos.	131
112	id.	David Claude	David Claude	132
113	id.	Curtaz Joseph	Curtaz Joseph	132
114	id.	Command Victor	Command Victor	132
115	id.	Voisin Basile	Voisin Basile	132
116	id.	Michoux Pierre	Michoux Pierre	132
117	id.	Dunand André	Dunand André	131
118	id.	Tupin Nicolas	Tupin Nicolas	132
119	id.	Vulliez Basile	Vulliez Basile	133
120	id.	Martin Jean	Héritier	133
121	id.	Premat Xavier	Pachou	133
122	id.	Baud Jean	Baud Jean	133
123	id.	Richard François	Richard François	133
124	id.	Baud Jean feu Anselme	Baud Jean feu Anselme	133
125	id.	Chauplanaz Jean	Chauplanaz Jean	134
126	id.	Michoux Nicolas	Michoux Nicolas	134
127	id.	Baud Claude-Fçois	Baud Claude-Fçois	134
128	id.	Boujard Joseph	Vendue à l'étranger	134
129	id.	Mottet Claude	Mottet Claude	134
130	id.	Gréloz Marie	Gréloz Marie	134
131	id.	Bartholoni Anatole	Vendue à l'étranger	135
132	id.	Jeannin Louis	Jeannin Louis	135
133	id.	Delavouex Jules	Delavouex Jules	135
134	id.	Favre Jean-Louis	Favre Jean-Louis	135
135	id.	Vulliez Jean-Pierre	Vulliez Jean-Pierre	135
136	id.	Dunand Alexandre	Dunand Alexandre	135
137	id.	Dubouloz Joseph	Dubouloz Joseph	136
138	id.	Colloud Jos. feu Louis	Colloud Jos. feu Louis	136
139	id.	Duchesne Joseph	Duchesne Joseph	136

Nos D'ORDRE	NOMS des ANIMAUX	DÉSIGNATION DES ÉLEVEURS ou des PREMIERS PROPRIÉTAIRES	INDICATION du DERNIER PROPRIÉTAIRE	Pages du présent volume
140	Boucharde	Garin Rochex	Garin Rochex	136
141	id.	Bochaton A.	Bochaton A.	136
142	id.	Clerc Marie feu Pierre	Clerc Marie feu Pierre	136
143	id.	Jacquier Marie	Jacquier Marie	137
144	id.	Vve Bochaton	Veuve Bochaton	137
145	id.	Perray Félix	Perray Félix	137
146	id.	Jacquier Pierre	Jacquier Pierre	137
147	id.	Arandel Joseph	Arandel Joseph	137
148	id.	Roch Sébastien	Roch Sébastien	137
149	id.	Vesin Marie	Vesin Marie	138
150	id.	Vesin Jean	Vesin Jean	138
151	id.	Pinaud Jules	Pinaud Jules	138
152	id.	Girard-Noyer Amélie	Girard Noyer Amélie	138
153	id.	Gagneux André	Gagneux André	138
154	id.	Vuarand Ambroise	Vuarand Ambroise	138
155	id.	Vuattoux Julien	Vuattoux Julien	139
156	id.	Seydoux Eugène	Seydoux Eugène	139
157	id.	Chevallay Ducret Ant.	Vendue à l'étranger	139
158	id.	Dutruel Aimé	Dutruel Aimé	139
159	id.	Chevallay Cyprien	Chevallay Cyprien	139
160	id.	Vve Peillex Julien	Vve Peillex Julien	139
161	id.	Chevallay Michel	Chevallay Michel	140
162	Boujon	Dunand Emmanuel	Dunand Emmanuel	140
163	Boule	Maxit Antoine	Maxit Antoine	140
164	id.	Desportes Jos.-André	Desportes Jos.-André	140
165	Boulet	Besson Jean	Besson Jean	140
166	Boulotte	Curdy Joseph	Curdy Joseph	140
167	id.	Molliet Edouard	Molliet Edouard	141
168	id.	Jordan Elie	Jordan Elie	141

Nᵒˢ D'ORDRE	NOMS des ANIMAUX	DÉSIGNATION DES ÉLEVEURS ou des PREMIERS PROPRIÉTAIRES	INDICATION du DERNIER PROPRIÉTAIRE	Pages du présent volume
169	Bouquet	Monnet Gabriel	Gonnet C. (vend. à Parˢ)	141
170	id.	Baron Blanc	Baron Blanc	141
171	id.	Commandant Blanc	Commandant Blanc	141
172	id.	Levray Marie	Levray Marie	141
173	id.	Viollaz Marie	Viollaz Marie	142
174	id.	Burnet Alexis	Burnet Alexis	142
175	id.	Delajoux François	Delajoux François	142
176	id.	Marchand François	Marchand François	142
177	id.	Mercier	Mercier	142
178	id.	Degenève Pierre	Degenève Pierre	142
179	id.	Dupraz Marie	Dupraz Marie	143
180	id.	Veillet Jean feu Joseph	Veillet Jean feu Jos.	143
181	id.	Bouvier Alexandre	Bouvier Alexandre	143
182	id.	Polliant François	Polliand François	143
183	id.	Morel Lucien	Morel Lucien	143
184	id.	Sache Julien	Sache Julien	143
185	id.	Francoz Fˢ feu Fˢ	Francoz Fˢ feu Fˢ	144
186	id.	Dunand André	Dunand André	144
187	id.	Gallien Pierre	Gallien Pierre	144
188	id.	Grenat Jos. feu Michel	Grenat Jos. feu Michel	144
199	id.	Dunand Ignace	Dunand Ignace	144
200	id.	Dunand Jean	Dunand Jean	144
201	id.	Bron Fçois-Jean	Bron François-Jean	145
202	id.	Tagand Louis	Tagand Louis	145
203	id.	Francoz Simon	Francoz Simon	145
204	id.	Condevaux Jean-Marie	Condevaux Jean-Marie	145
205	id.	Petit-Jean André	Petit-Jean André	145
206	id.	Salavuard	Salavuard	145
207	id.	Folliet André feu Jos.	Vendue à l'étranger	146
208	id.	Trosset Julien	Trosset Julien	146
209	id.	Command François	Command François	146
210	id.	Bochet François	Bochet François	146

N⁰ˢ D'ORDRE	NOMS des ANIMAUX	DÉSIGNATION DES ÉLEVEURS ou des PREMIERS PROPRIÉTAIRES	INDICATION du DERNIER PROPRIÉTAIRE	Pages du présent volume
211	Bouquet	Cruz Lucien	Cruz Lucien	146
212	id.	Command Victor	Command Victor	146
213	id.	Favre Julien	Favre Julien	147
214	id.	id.	id.	147
215	id.	Grillet-Mugnier A.	Grillet-Mugnier A.	147
216	id.	Maxit Antoine	Maxit Antoine	147
217	id.	id.	id.	147
218	id.	Michoux Pierre	Michoux Pierre	147
219	id.	Dumont Célestin	Dumont Célestin	148
220	id.	Bouvier Joseph	Bouvier Joseph	148
221	id.	Vulliez Basile A.	Vulliez Basile A.	148
222	id.	Cottet Maurice	Cottet Maurice	148
223	id.	Antonioz	Antonioz	148
224	id.	Veuve Goffy	Veuve Goffy	148
225	id.	Mugnier Léon	Mugnier Léon	149
226	id.	Perrier Paul	Perrier Paul	149
227	id.	Morand François	Morand François	149
228	id.	Premat Henri	Premat Henri	149
229	id.	Berger Claude-M.	Berger Claude-M.	149
230	id.	Baud Jos.	Baud Joseph	149
231	id.	Veuve Muffat	Veuve Muffat	150
232	id.	Baud Nicolas	Baud Nicolas	150
233	id.	Sage Péronne	Sage Péronne	150
234	id.	Taberlet Jean-Alph.	Taberlet Jean-Alph.	150
235	id.	Vve Taberlet Baud Jⁿᵉ	Vve Taberlet Baud Jⁿᵉ	150
236	id.	Baud Claude-François	Baud Claude-Fçois	150
237	id.	Vulliez	Premat Xavier	151
238	id.	Courajoud Auguste	Courajoud Auguste	151

Nos D'ORDRE	NOMS des ANIMAUX	DÉSIGNATION DES ÉLEVEURS ou des PREMIERS PROPRIÉTAIRES	INDICATION du DERNIER PROPRIÉTAIRE	Pages du présent volume
239	Bouquet	Boson Auguste	Boson Auguste	151
240	id.	Bondaz Joseph	Vendue à l'étranger	151
241	id.	Vuillez Joachim	Vuillez Joachim	151
242	id.	Pariat Jules	Pariat Jules	151
243	id.	Mermain Alphonse	Mermain Alphonse	152
244	id.	Duret Edouard	Duret Edouard	152
245	id.	Mamet Fs feu Claude	Vendue à l'étranger	152
246	id.	Félisat Adrien	Félisat Adrien	152
247	id.	Vaudaux Jules	Vaudaux Jules	152
248	id.	Mouthon Joseph	Mouthon Joseph	152
249	id.	id.	id.	153
250	id.	Mouthon Jean-Baptiste	Mouthon Jean-Bapt.	153
251	id.	Dufour Joseph-Marie	Dufour Joseph-Marie	153
252	id.	Buttet Alphonse	Buttet Alphonse	153
253	id.	Mouthon Fs feu Alexis	Mouthon Fs feu Alexis	153
254	id.	Mouchet Alphonse	Mouchet Alphonse	153
255	id.	Dumont Gaëtan	Dumont Gaëtan	154
256	id.	Charrière Pierre	Charrière Pierre	154
257	id.	Pinget François	Pinget François	154
258	id.	Bastard Marie	Bastard Marie	154
259	id.	Condevaux Eugène	Condevaux Eugène	154
260	id.	Molliet Joseph	Molliet Joseph	154
261	id.	Favre Jean-Louis	Favre Jean-Louis	155
262	id.	Chardon-Pautex Fçois	Chardon-Pautex Fçois	155
263	id.	Forel François	Forel François	155
264	id.	Gavard Jean	Gavard Jean	155
265	id.	Delavouet Eusèbe	Delavouet Eusèbe	155
266	id.	Chardon Hip.	Chardon Hip.	155
267	id.	Bel Célestin	Bel Célestin	156

Nos D'ORDRE	NOMS des ANIMAUX	DÉSIGNATION DES ÉLEVEURS ou des PREMIERS PROPRIÉTAIRES	INDICATION du DERNIER PROPRIÉTAIRE	Pages du présent volume
268	Bouquet	Pinget Roch	Pinget Roch	156
269	id.	Morin Damase	Morin Damase	156
270	id.	Perroud Pierre	Perroud Pierre	156
271	id.	Béguin Louis	Béguin Louis	156
272	id.	Duchêne Joseph	Duchêne Joseph	156
273	id.	Girod Marie	Girod Marie	157
274	id.	Guichard Jean	Guichard Jean	157
275	id.	Elie Jean	Elie Jean	157
276	id.	Dunand François	Dunand François	157
277	id.	Charmot René	Charmot René	157
278	id.	Pellut Joseph	Pellut Joseph	157
279	id.	Couty Philibert	Rossier Joseph	158
280	id.	Vve Mathieu Louise	Vve Mathieu Louise	158
281	id.	Genoud François	Genoud François	158
282	id.	Boulens Jean	Boulens Jean	158
283	id.	Genoud Marie	Genoud Marie	158
284	id.	Boulens Alexis fils	Boulens Alexis fils	158
285	id.	Vulliez Jean-Pierre	Vulliez Jean-Pierre	159
286	id.	Dunand Alexandre	Dunand Alexandre	159
287	id.	Vignier Alexandre	Vignier Alexandre	159
288	id.	Baud Lucien	Baud Lucien	159
289	id.	Trolliet Jean-Joseph	Trolliet Jean-Joseph	159
290	id.	Bondaz Joseph	Bondaz Joseph	159
291	id.	Bondaz Julien	Bondaz Julien	160
292	id.	Colloud Claude	Colloud Claude	160
293	id.	Mugnier Joseph	Mugnier Joseph	160
294	id.	Frossard Fçois-Xavier	Frossard Fçois-Xavier	160
295	id.	Garin Louis	Garin Louis	160
296	id.	Garin Retien	Garin Retien	160
297	id.	Favrat Célestin	Favrat Célestin	161

Nos D'ORDRE	NOMS des ANIMAUX	DÉSIGNATION DES ÉLEVEURS ou des PREMIERS PROPRIÉTAIRES	INDICATION du DERNIER PROPRIÉTAIRE	Pages du présent volume
298	Bouquet	Rey-Renand	Vendue à l'étranger	161
299	id.	Tournier Jean-Michel	Tournier Jean-Michel	161
300	id.	Bossus Louis	Bossus Louis	161
301	id.	Dépierre Alphonse	Dépierre Alphonse	161
302	id.	Vve Genoud Marie	Vve Genoud Marie	161
303	id.	Vesin Félix	Vesin Félix	162
304	id.	Gaillet Bernard	Gaillet Bernard	162
305	id.	Jacquier Marie	Jacquier Marie	162
306	id.	Clerc Louis	Clerc Louis	162
307	id.	Vesin Marie-Jos.	Vesin Marie-Joseph	162
308	id.	Jacquier François	Jacquier François	162
309	id.	Roch Marie	Roch Marie	163
310	id.	Mamet Marie	Mamet Marie	163
311	id.	Lacroix Edouard	Lacroix Edouard	163
312	id.	Vve Neuvecelle	Vve Neuvecelle	163
313	id.	Meynet Joseph	Meynet Joseph	163
314	id.	Pinaud Jules	Pinaud Jules	163
315	id.	Moynat François	Moynat François	164
316	id.	Senevat François	Senevat François	164
317	id.	Chardon Boniface	Chardon Boniface	164
318	id.	Girod Marie	Girod Marie	164
319	id.	Bogagny Jean	Bogagny Jean	164
320	id.	Constantin Jean	Constantin Jean	164
321	id.	Bron André	Bron André	165
322	id.	Chédal Jean-Louis	Chédal Jean-Louis	165
323	id.	Meynet Jean-Daniel	Meynet Jean-Daniel	165
324	id.	Dupraz Jean	Dupraz Jean	165
325	id.	Vuattoux Jos.-Marie	Vuattoux Jos.-Marie	165
326	id.	Piccot Anselme	Piccot Anselme	165

Nᵒˢ D'ORDRE	NOMS des ANIMAUX	DÉSIGNATION DES ÉLEVEURS ou des PREMIERS PROPRIÉTAIRES	INDICATION du DERNIER PROPRIÉTAIRE	Pages du présent volume
327	Bouquet	Viollet Julien	Viollet Julien	166
328	id.	Piccot Marie-Célestin	Piccot Marie-Célestin	166
329	id.	Gagneux Joseph	Gagneux Joseph	166
330	id.	Favre Pierre	Favre Pierre	166
331	id.	Desportes Maurice	Desportes Maurice	166
332	id.	Teninge Eug. feu And.	Teninge Eug. feu André	166
333	id.	Bernard Jean	Bernard Jean	167
334	id.	Peillex Fçois feu André	Peillex Fçois feu André	167
335	id.	Blanc-Dépotex Jos.	Blanc-Dépotex Jos.	167
336	id.	Cettour André fils	Vendue à l'étranger	167
337	id.	Paroisse Alexandre	id.	167
338	id.	Boujon Eugène	Boujon Eugène	167
339	id.	Vve Marinet	Vve Marinet	168
340	id.	Command Victor	Command Victor	168
341	id.	Vuarand Eugène	Vuarand Eugène	168
342	id.	Sage Alexis	Sage Alexis	168
343	id.	Thoule Pierre	Thoule Pierre	168
344	id.	Millet-Marchand Maur.	Millet-Marchand Maur.	168
345	id.	Grillet-Paysan André	Grillet-Paysan André	169
346	id.	Grenat Jean	Grenat Jean	169
347	id.	Vuarand Ambroise	Vuarand Ambroise	169
348	id.	Grillet Philippe	Grillet Philippe	169
349	id.	Défago Elie	Défago Elie	169
350	id.	Pasquier Simon	Pasquier Simon	169
351	id.	Vuilloud César	Vuilloud César	170
352	id.	Crépy Ambroise	Crépy Ambroise	170
353	id.	Command Victor	Command Victor	170
354	id.	Maxit Eugène	Maxit Eugène	170

Nos. D'ORDRE	NOMS des ANIMAUX	DÉSIGNATION DES ÉLEVEURS, ou des PREMIERS PROPRIÉTAIRES	INDICATION du DERNIER PROPRIÉTAIRE	Pages du présent volume
355	Bouquet	Joly Victor	Joly Victor	170
356	id.	Buttay Félic. d' Rosset	Buttay Félic. d' Rosset	170
357	id.	Tissot Edouard	Tissot Edouard	171
358	id.	Curdy Joseph	Curdy Joseph	171
359	id.	Arandel Joseph	Arandel Joseph	171
360	id.	Bireaux Eugène	Bireaux Eugène	171
361	id.	Chevallay Ant.-Gasp.	Chevallay Ant.-Gasp.	171
362	id.	Chevallay Maurice	Vendue à Marseille	171
363	id.	Blanc Antoine	Blanc Antoine	172
364	id.	Dupraux	Dupraux	172
365	id.	Peillex André	Peillex André	172
366	id.	Chevallay And.-Gasp.	Chevallay And.-Gasp.	172
367	id.	Viollaz Xavier	Viollaz Xavier	172
368	id.	Trincaz Joseph	Trincaz Joseph	172
369	id.	Buttay And. Marchand	Buttay And. Marchand	173
370	id.	Buttay Maurice	Vendue à l'étranger	173
371	id.	Bireaux Michel-G.	Bireaux Michel-G.	173
372	id.	Chevallay Jacques	Chevallay Jacques	173
373	Brabande	Chevallay Joseph	Chevallay Joseph	173
374	Bretagne	Vulliez Claude	Vulliez Claude	173
375	Bretonne	Trosset Ambroise	Trosset Ambroise	174
376	id.	Forel Clément	Forel Clément	174
377	id.	Bouvier Joseph	Bouvier Joseph	174
378	id.	Trabichet François	Trabichet François	174
379	Brillant	Monnet Gabriel	Beemisch G.	174
380	id.	Bartholoni Anatole	Vendue à Marseille	174
381	id.	Bouvier Marie	Bouvier Marie	175
382	id.	Bouvier Joseph	Bouvier Joseph	175

Nos d'ordre	NOMS des ANIMAUX	DÉSIGNATION DES ÉLEVEURS ou des PREMIERS PROPRIÉTAIRES	INDICATION du DERNIER PROPRIÉTAIRE	Pages du présent volume
383	Brillant	Decombey Fçoise	Decombey Fçoise	175
384	id.	Bons-Fontan Fçois	Bons-Fontan Fçois	175
385	Brindille	Liège Augustin	Liège Augustin	175
386	Brunette	Chédal Célestin	Chédal Célestin	175
387	Cadence	Vulliez François	Vulliez François	176
388	id.	Lausenaz Jean-Marie	Périe	176
389	id.	Berthet Ambroise	Berthet Ambroise	176
390	Canari	Maxit Eugène	Maxit Eugène	176
391	id.	Favre Julien	Favre Julien	176
392	id.	Mercier François	Mercier François	176
393	id.	Benand Pierre	Benand Pierre	177
394	id.	Blanc François	Blanc François	177
395	id.	David Jean-Louis	David Jean-Louis	177
396	id.	Crépy Ambroise	Crépy Ambroise	177
397	Caouette	Bartholoni Anatole	Bartholoni Anatole	177
398	id.	Degenève Jos.-Marie	Degenève Jos.-Marie	177
399	id.	Buttay And. Marchand	Buttay And. Marchand	178
400	Capricieuse	Bullaz Alfred	Bullaz Alfred	178
401	Carabine	Vernaz Pierre	Vernaz Pierre	178
402	id.	Jacquier Pierre	Jacquier Pierre	178
403	Carillon	Piccot Anselme	Piccot Anselme	178
404	id.	Petit-Jean Fçois	Petit-Jean Fçois	178
405	id.	Trosset Joachim	Trosset Joachim	179
406	id.	Vallet frères	Vallet frères	179
407	id.	Baud Nic. feu Aimé	Baud Nic. feu Aimé	179
408	id.	Mouthon Claude	Mouthon Claude	179
409	id.	Deremble François	Deremble François	179

Nᵒˢ. D'ORDRE	NOMS des ANIMAUX	DÉSIGNATION DES ÉLEVEURS ou des PREMIERS PROPRIÉTAIRES	INDICATION du DERNIER PROPRIÉTAIRE	Pages du présent volume
410	Carillon	Dumont Gaëtan	Dumont Gaëtan	179
411	id.	Bouvier Marie	Bouvier Marie	180
412	id.	Demusy François	Demusy François	180
413	id.	Peillex Clément	Peillex Clément	180
414	id.	Boulens François	Boulens François	180
415	id.	Vignier François	Vignier François	180
416	id.	Morel Joseph	Morel Joseph	180
417	id.	Baud Joseph	Vendue à l'étranger	181
418	id.	Vesin Joseph	Vesin Joseph	181
419	id.	Bartholoni Anatole	Bartholoni Anatole	181
420	id.	Maxit Paul	Maxit Paul	181
421	id.	Maxit Eugène	Maxit Eugène	181
422	id.	Piccot François	Piccot François	181
423	Caro	Monnet Gabriel	Reding; vendu ao Conc. G. Paris 1896	182
424	id.	Trosset François	Trosset François	182
425	id.	Command Alphonse	Vendue à l'étranger	182
426	id.	Command Victor	Command Victor	182
427	id.	Desportes Ignace	Desportes Ignace	182
428	id.	Cruz frères Jacques	Vendue à l'étranger	182
429	id.	Maxit Antoine	Maxit Antoine	183
430	id.	Vallet frères	Vallet frères	183
431	id.	Grillet-Paysan	Vendue à l'étranger	183
432	id.	Blanc François	Blanc François	183
433	id.	Marchand Claude	Marchand Claude	183
434	id.	Blanc Fˢ feu Claude	Blanc Fçois feu Claude	183
435	Carouge	Piccot Ephise	Piccot Ephise	184
436	id.	Monnet Gabriel	Vernaz André-Joseph	184
437	id.	Vulliez Jean-Pierre	Vulliez Jean-Pierre	184

Nos D'ORDRE	NOMS des ANIMAUX	DÉSIGNATION DES ÉLEVEURS ou des PREMIERS PROPRIÉTAIRES	INDICATION du DERNIER PROPRIÉTAIRE	Pages du présent volume
438	Carouge	Genoud Jules	Vendue à Marseille	184
439	id.	Pinaud Jules	Pinaud Jules	184
440	id.	Chevallay Madeleine	Chevallay Madeleine	184
441	id.	Chevallay Joseph	Chevallay Joseph	185
442	id.	Peillex Marie	Peillex Marie	185
443	Cartouche	Marchand-Millet Jean	Marchand-Millet Jean	185
444	Charmante	Cottet Henri	Cottet Henri	185
445	id.	Bartholoni Anatole	Bartholoni Anatole	185
446	id.	Bel Jules	Bel Jules	185
447	id.	Romand Jean	Romand Jean	186
448	id.	Pasquier Simon	Pasquier Simon	186
449	Châtaigne	Bartholoni Anatole	Bartholoni Anatole	186
450	id.	Dumont Gaëtan	Dumont Gaëtan	186
451	Chimère	Bons Maurice	Bons Maurice	186
452	Choqua	Burnet Alexis	Burnet Alexis	186
453	Clairette	Tagand Jos. feu Claude	Tagand Jos. feu Claude	187
454	Cloche	Vesin Joseph	Vesin Joseph	187
455	Clochette	id.	id.	187
456	Covarde	Mercier	Mercier	187
457	id.	Trosset Julien	Trosset Julien	187
458	id.	Bartholoni Anatole	Bartholoni Anatole	187
459	Golliarde	Ducrétet Louis	Ducrétet Louis	188
460	Colonnière	Bartholoni Anatole	Comte de Labédoyère	188
461	Colombe	Maulaz André	Maulaz André	188
462	id.	Monnet Gabriel	Monnet Gabriel	188
463	id.	Baron Blanc	Baron Blanc	188
464	id.	Mercier Monique	Mercier Monique	188
465	id.	Favre-Collet Fçois	Favre-Collet Fçois	189

Nos d'ordre	NOMS des ANIMAUX	DÉSIGNATION DES ÉLEVEURS ou des PREMIERS PROPRIÉTAIRES	INDICATION du DERNIER PROPRIÉTAIRE	Pages du présent volume
466	Colombe	Lolioz Jean	Lolioz Jean	189
467	id.	Grenat-Petit André	Grenat-Petit André	189
468	id.	Maulaz Jean-Claude	Maulaz Jean-Claude	189
469	id.	Condevaux Jean-Marie	Condevaux Jean-Marie	189
470	id.	Bons Maurice	Bons Maurice	189
471	id.	Crétin Joseph	Crétin Joseph	190
472	id.	Grillet frères	Grillet frères	190
473	id.	Favre Julien	Favre Julien	190
474	id.	Grillet-Mugnier	Grillet-Mugnier	190
475	id.	Prémat François	Burtin Louis	190
476	id.	Desuzinges Joseph	Desuzinges Joseph	190
477	id.	Vulliez François	Vulliez François	191
478	id.	Vulliez Célestin	Vulliez Célestin	191
479	id.	Bondaz Julien	Bondaz Julien	191
480	id.	Bouget Joseph	Bouget Joseph	191
481	id.	Bartholoni Anatole	Bartholoni Anatole	191
482	id.	Constantin Jean	Constantin Jean	191
483	id.	Girard-Noyer Amélie	Girard-Noyer Amélie	192
484	id.	Tupin Jean	Tupin Jean	192
485	id.	Crépy François	Crépy François	192
486	id.	Maxit Antoine	Maxit Antoine	192
487	id.	Command Victor	Command Victor	192
488	id.	Pinget Jean	Pinget Jean	192
489	Comète	Echarnier Ambroise	Echarnier Ambroise	193
490	id.	Bartholoni Anatole	Bartholoni Anatole	193
491	id.	Mercier François	Mercier François	193
492	id.	Trolliet Etienne	Trolliet Etienne	193
493	Comtesse	Bartholoni Anatole	Bartholoni Anatole	193

Nᵒˢ D'ORDRE	NOMS des ANIMAUX	DÉSIGNATION DES ÉLEVEURS ou des PREMIERS PROPRIÉTAIRES	INDICATION du DERNIER PROPRIÉTAIRE	Pages du présent volume
494	Comtesse	Bartholoni Anatole	Bartholoni Anatole	193
495	id.	Bouvier Joseph	Bouvier Joseph	194
496	id.	Ducrétet Joseph	Ducrétet Joseph	194
497	Coquette	Monnet Gabriel	Monnet Gabriel	194
498	id.	Dunand André	Dunand André	194
499	id.	Gaillet Jean-Marie	Gaillet Jean-Marie	194
500	Cornian	Maxit Antoine	Maxit Antoine	194
501	id.	Maxit François	Maxit François	195
502	Couronne	Deremble François	Deremble François	195
503	id.	Charrière Pierre	Charrière Pierre	195
504	id.	Bondaz François	Bondaz François	195
505	id.	Frossard Julien	Frossard Julien	195
506	Crispia	Clerc Louis	Clerc Louis	195
507	Cruche	Chevallay Antoine	Chevallay Antoine	196
508	Dartagnan	Pinget Joseph	Pinget Joseph	196
509	Demoiselle	Baud-Grasset Fçois	Baud-Grasset Fçois	196
510	Diamant	Deremble François	Deremble François	196
511	id.	Pinget François	Pinget François	196
512	id.	Bartholoni Anatole	Bartholoni Anatole	196
513	Dindon	id.	Vendue à l'étranger	197
514	Divonne	Mermain Alphonse	Mermain Alphonse	197
515	id.	Bossus Louis	Bossus Louis	197
516	id.	Bouvier Joseph	Bouvier Joseph	197
517	id.	Bel Célestin	Bel Célestin	197
518	Doucette	Papaz Léon	Papaz Léon	197
519	Dragon	Bartholoni Anatole	Bartholoni Anatole	198
520	id.	Piccot Anselme	Piccot Anselme	198
521	id.	Dupraz Fçois feu Jean	Dupraz Fçois feu Jean	198
521b	id.	Pinget Eugène	Pinget Eugène	198

Nos D'ORDRE	NOMS des ANIMAUX	DÉSIGNATION DES ÉLEVEURS ou des PREMIERS PROPRIÉTAIRES	INDICATION du DERNIER PROPRIÉTAIRE	Pages du présent volume
522	Dragon dit Bouquet	Pinget Charles	Pinget Charles	198
523	Dragon	Piccot Joseph frères	Piccot Joseph frères	198
524	id.	Violet Julien	Violet Julien	199
525	id.	Piccot Marie-Célestin	Piccot Marie-Célestin	199
526	id.	Girard-Noyer Amélie	Girard-Noyer Amélie	199
527	id.	Crétin Joseph	Crétin Joseph	199
528	id.	Blanc Joseph	Blanc Joseph	199
529	id.	Vve Brélaz née Folliet	Vve Brélaz née Folliet	199
530	id.	Marchand Ambroise	Marchand Ambroise	200
531	id.	Piccot Julien	Piccot Julien	200
532	Dragonne	Dumont Athanase	Dumont Athanase	200
533	id.	Tagand Alexandre	Tagand Alexandre	200
534	id.	Tagand Joseph	Tagand Joseph	200
535	id.	Dunand André	Dunand André	200
536	id.	Mercier André	Mercier André	201
537	id.	Tagand François	Tagand François	201
538	id.	David Claude	David Claude	201
539	id.	Command François	Command François	201
540	id.	Trosset Joseph-Julien	Trosset Joseph-Julien	201
541	id.	Grillet-Mugnier Fçois	Grillet-Mugnier Fçois	201
542	id.	Maxit François	Maxit François	202
543	id.	Requet Jean-Baptiste	Vulliez Joseph	202
544	id.	Bouvier Célestin	Bouvier Célestin	202
545	id.	Fontaine Etienne	Fontaine Etienne	202
546	id.	Guichard Jean	Guichard Jean	202
547	id.	Pinget Joseph	Vendu à l'étranger	202
548	id.	Bireaux Eugène	Bireaux Eugène	203
549	id.	Chevallay Joseph	Chevallay Joseph	203
550	Drapeau	Vernaz Emile	Delerce Félix	203

Nos D'ORDRE	NOMS des ANIMAUX	DÉSIGNATION DES ÉLEVEURS ou des PREMIERS PROPRIÉTAIRES	INDICATION du DERNIER PROPRIÉTAIRE	Pages du présent volume
551	Drapeau	Tagand Joseph	Tagand Joseph	203
552	id.	Tagand Ls feu Joseph	Tagand Ls feu Joseph	203
553	id.	Folliet André	Folliet André	203
554	id.	Command Victor	Command Victor	204
555	id.	Command François	Command François	204
556	id.	Baud Claude-Fçois	Baud Claude-Fçois	204
557	id.	Dunand Alexandre	Dunand Alexandre	204
558	id.	Peillex François	Peillex François	204
559	id.	Grillet Louis-Jean	Grillet Louis-Jean	204
560	id.	Cruz Ambroise	Cruz Ambroise	205
561	id.	Blanc Fs feu Claude	Blanc Fs feu Claude	205
562	id.	Command Victor	Command Victor	205
563	Duchesse	Bartholoni Anatole	Bartholoni Anatole	205
564	id.	Charmot René	Charmot René	205
565	Eglantine	Berthet Ambroise	Berthet Ambroise	205
566	Elsa	Bons Maurice	Bons Maurice	206
567	Emballée	Command-Suvaire Dd	Command-Suvaire Dd	206
568	Emélie	Bartholoni Anatole	Bartholoni Anatole	206
569	Espiègle	Piccut Jean	Piccut Jean	206
570	Etaillon	Bireaux Antoine	Bireaux Antoine	206
571	id.	Mouthon François	Mouthon François	206
572	id.	Chevallay André-Gasp.	Chevallay André-Gasp.	207
573	Etoile	Fleury Joseph	Fleury Joseph	207
574	id.	Favre Augustin	Favre Augustin	207
575	id.	Tagand Joseph	Tagand Joseph	207
576	id.	Bron Jean-François	Bron Jean-François	207
577	id.	Baud Antoine	Baud Antoine	207
578	id.	Vulliez	Vulliez	208

Nᵒˢ D'ORDRE	NOMS des ANIMAUX	DÉSIGNATION DES ÉLEVEURS ou des PREMIERS PROPRIÉTAIRES	INDICATION du DERNIER PROPRIÉTAIRE	Pages du présent volume
579	Etoile	Jordan Elie	Jordan Elie	208
580	id.	Morin Emile	Morin Emile	208
581	id.	Guichard Jean	Guichard Jean	208
582	id.	Bouland François	Bouland François	208
583	id.	Baud Lucien	Baud Lucien	208
584	id.	Trolliet Etienne	Trolliet Etienne	209
585	id.	Bartholoni Anatole	Vendue à Lyon	209
586	id.	Roch Marie	Roch Marie	209
587	id.	Gaillet Bernard	Gaillet Bernard	209
588	id.	Perray François	Perray François	209
589	id.	Clerc Louis	Clerc Louis	209
590	id.	Vesin Marie	Vesin Marie	210
591	id.	Bartholoni Anatole	Vendue à l'étranger	210
592	id.	Buttay And. Marchand	Buttay And. Marchand	210
593	id.	Peillex Marie	Peillex Marie	210
594	id.	id.	id.	210
595	Extravagant	Veillet François	Veillet François	210
596	id.	Blanc François	Blanc François	211
597	Fanny	Cronchi Antoine	Cronchi Antoine	211
598	Fauvette	Molliet Edouard	Molliet Edouard	211
599	Félicie	Bartholoni Anatole	Vendue à l'étranger	211
600	Fenétron	Gagneux Michel	Gagneux Michel	211
601	Fignolette	Tozieu Frédéric	Tozieu Frédéric	211
602	id.	Frossard Julien	Frossard Julien	212
603	id.	Veillet François	Veillet François	212
604	id.	Colloud Joseph feu Fᵉ	Colloud Jos. feu Fçois	211
605	Fize	Morel Jᵗʰ feu Claude	Morel Jos. feu Claude	212
606	Fleurette	Baron Blanc	Baron Blanc	212
607	id.	Vuattoux Horin-Fçois	Vuattoux Horin-Fçois	212

Nos d'ordre	NOMS des ANIMAUX	DÉSIGNATION DES ÉLEVEURS ou des PREMIERS PROPRIÉTAIRES	INDICATION du DERNIER PROPRIÉTAIRE	Pages du présent volume
608	Fleurette	Vuattoux Claude	Vuattoux Claude	213
609	id.	Mamet Lucien	Mamet Lucien	213
610	id.	Mouthon Fçois-Marie	Mouthon Fçois-Marie	213
611	id.	Dufour Joseph-Fçois	Dufour Joseph-Fçois	213
612	id.	Guichard Jean	Guichard Jean	213
613	id.	Desuzinges Victor	Desuzinges Victor	213
614	id.	Favre Augustin	Favre Augustin	214
615	id.	Ducret Fçois-Marie	Ducret François-Marie	214
616	id.	Ducret Célestin	Ducret Célestin	214
617	id.	Jordan Maurice	Jordan Maurice	214
618	id.	Davet Charles-César	Davet Charles-César	214
619	id.	Degenève Julien	Degenève Julien	214
620	id.	Portier Louis	Portier Louis	215
621	id.	Vuattoux Jʰ-Marie	Vuattoux Jʰ-Marie	215
622	id.	Dupraz Jean-Marie	Dupraz Jean-Marie	215
623	id.	Dupraz Edouard	Dupraz Edouard	215
624	Fleurie	Chevallay Ant. Ducroz	Chevallay Ant. Ducroz	215
625	id.	Dunand Emmanuel	Dunand Emmanuel	215
626	id.	Bartholoni Anatole	Bartholoni Anatole	216
627	id.	id.	id.	216
628	id.	Levray Charles	Levray Charles	216
629	id.	Sache Jérémie	Sache Jérémie	216
630	id.	Dumont Athanase	Dumont Athanase	216
631	id.	Cettour Joseph	Vendue à l'étranger	216
632	id.	Bouvier Jean feu Lˢ	Bouvier Jean feu Louis	217
633	id.	Dunand André	Dunand André	217
634	id.	Piccot Anselme	Piccot Anselme	217
635	id.	Frossard Joseph	Frossard Joseph	217
636	id.	Roche Joseph-Bapᵗᵉ	Roche Joseph-Baptiste	217

Nos D'ORDRE	NOMS des ANIMAUX	DÉSIGNATION DES ÉLEVEURS ou des PREMIERS PROPRIÉTAIRES	INDICATION du DERNIER PROPRIÉTAIRE	Pages du présent volume
637	Fleurie	Condevaux Jn-Marie	Condevaux Jn-Marie	217
638	id.	Depotex Ignace	Depotex Ignace	218
639	id.	Grillet frères	Grillet frères	218
640	id.	Maxit Eugène	Maxit Eugène	218
641	id.	Command Victor	Command Victor	218
642	id.	Boccard Fs feu Pierre	Boccard Fs feu Pierre	218
643	id.	Maxit François	Maxit François	218
644	id.	Bochet Jean	Bochet Jean	219
645	id.	Monard Eugène	Pernollet	219
646	id.	Delale François	Delale François	219
647	id.	Reymond François	Reymond François	219
648	id.	Frossard Cyrille	Frossard Cyrille	219
649	id.	Mamet François	Mamet François	219
650	id.	Pinget Edouard	Pinget Edouard	220
651	id.	Buttet Alphonse	Buttet Alphonse	220
652	id.	Dufour Joseph-Fçois	Dufour Joseph-Fçois	220
653	id.	Bovet Jules	Bovet Jules	220
654	id.	Béguin Louis	Béguin Louis	220
655	id.	Rossiaud	Rossiaud	220
656	id.	Jacquier Germain	Jacquier Germain	221
657	id.	Couty Philibert	Couty Philibert	221
658	id.	Genoud François	Genoud François	221
659	id.	Vignier Alexandre	Vignier Alexandre	221
660	id.	Vulliez Claude	Vulliez Claude	221
661	id.	Favre François	Favre François	221
662	id.	Chatelain François	Chatelain François	222
663	id.	Bouvier Joseph	Bouvier Joseph	222

Nos D'ORDRE.	NOMS des ANIMAUX	DÉSIGNATION DES ÉLEVEURS ou des PREMIERS PROPRIÉTAIRES	INDICATION du DERNIER PROPRIÉTAIRE	Pages du présent volume
664	Fleurie	Pinaud François	Buchet	222
665	id.	Vuattoux François	Vuattoux François	222
666	id.	Arandel Joseph	Arandel Joseph	222
667	id.	Gaillet Jean-Marie	Gaillet Jean-Marie	222
668	id.	Vindret Marie	Vindret Marie	223
669	id.	Vve Deconche Louis	Vve Deconche Louis	223
670	id.	Degenève Jh.-Albert	Degenève Jos.-Albert	223
671	id.	Dupraz Jean	Dupraz Jean	223
672	id.	Bron André	Bron André	223
673	id.	Command Victor	Command Victor	223
674	id.	Charles Victorine	Charles Victorine	224
675	id.	Vuattoux Joseph-Julien	Vuattoux Jos.-Julien	224
676	id.	Carraud Basile	Pétie	224
677	id.	Buttay André	Buttay André	224
679	id.	Bireaux Antoine-L.	Bireaux Antoine-L.	224
680	id.	Chevallay Ant. Ducroz	Chevallay Ant. Ducroz	225
681	id.	Dutruel Aimé	Dutruel Aimé	225
682	id.	Blanc Fs feu Aimé	Blanc Fs feu Aimé	225
683	id.	Bireaux Joseph	Bireaux Joseph	225
684	id.	Buttay Maurice	Buttay Maurice	225
685	id.	Peillex André	Peillex André	225
686	id.	Chevallay Michel	Chevallay Michel	226
687	Fleurine	Mouchet Alphonse	Mouchet Alphonse	226
688	id.	Baud-Grasset Fçois	Baud-Grasset Fçois	226
689	id.	Tardy Célestin	Tardy Célestin	226
690	id.	Goy Joseph	Goy Joseph	226
691	id.	Baud-Berthier Joseph	Baud-Berthier Jos.	226
692	id.	Chardon Hippolyte	Chardon Hippolyte	227

Nᵒˢ D'ORDRE	NOMS des ANIMAUX	DÉSIGNATION DES ÉLEVEURS ou des PREMIERS PROPRIÉTAIRES	INDICATION du DERNIER PROPRIÉTAIRE	Pages du présent volume
693	Fleurine	Chardon Edouard	Chardon Edouard	227
694	id.	Durand Antoine	Durand Antoine	227
695	id.	Vve Bidal-Dupraz Mar.	Vve Bidal-Dupraz Mar.	227
695b	id.	Piccot Julien	Piccot Julien	227
696	Flora	Michaud Apolonie	Michaud Apolonie	227
697	id.	Bartholoni Anatole	Vendue à l'étranger	228
698	Florence	id.	Bartholoni Anatole	228
699	id.	Cettour Joseph	Cettour Joseph	228
700	id.	Degenève Joseph	Degenève Joseph	228
701	id.	Frossard Joseph	Frossard Joseph	228
702	id.	Aubert François	Aubert François	228
703	id.	Command Ambroise	Command Ambroise	229
704	id.	Marchand Claude	Marchand Claude	229
705	id.	Michoux Pierre	Michoux Pierre	229
706	id.	Gottet Maurice	Chavannes	229
707	id.	Baud Claude-Fçois	Baud Claude-Fçois	229
708	id.	Bartholoni Anatole	Vendue à l'étranger	229
709	id.	Mudry Ferdinand	Mudry Ferdinand	230
710	id.	Dufour Joseph	Dufour Joseph	230
711	id.	Mouchet Alphonse	Mouchet Alphonse	230
712	id.	Molliet Edouard	Molliet Edouard	230
713	id.	Dotti Joseph	Dotti Joseph	230
714	id.	Gondevaux Eugène	Gondevaux Eugène	230
715	id.	Vulliez Célestin	Vendue à Lyon	231
716	id.	Desuzinges François	Desuzinges François	231
717	id.	Chevallay Jacques	Chevallay Jacques	231
718	id.	Mermaz François	Mermaz François	231
719	id.	Hudry Pierre	Hudry Pierre	231
720	id.	Lacroix Louis	Lacroix Louis	231

Nos D'ORDRE	NOMS des ANIMAUX	DÉSIGNATION DES ÉLEVEURS ou des PREMIERS PROPRIÉTAIRES	INDICATION du DERNIER PROPRIÉTAIRE	Pages du présent volume
721	Florence	Meynet Jean-Daniel	Meynet Jean-Daniel	232
722	id.	Mottier Jean-Marie	Mottier Jean-Marie	232
723	id.	Blanc Fs feu Claude	Blanc Fs feu Claude	232
724	id.	Jacquier Joseph	Jacquier Joseph	232
725	id.	Peillex André	Peillex André	232
726	id.	Peillex Marie	Vendue à l'étranger	232
727	id.	Chevallay Joseph	Chevallay Joseph	233
728	Floria	Favre Jules	Favre Jules	233
729	id.	Jordan Elie	Jordan Elie	233
730	id.	Lochon Auguste	Lochon Auguste	233
731	id.	Bondaz Joseph	Périe	233
732	id.	Depraz Jean	Depraz Jean	233
733	id.	Mouthon Fçois-Marie	Mouthon Fs-Marie	234
734	id.	Goy François	Goy François	234
735	id.	Girod Marie	Girod Marie	234
736	id.	Chatelet François	Chatelet François	234
737	Floria-Jaillette	Jordan Basile-Marie	Jordan Basile-Marie	234
738	Floria	Bossus Louis	Bossus Louis	234
739	id.	Favre Joseph	Favre Joseph	235
740	id.	Moynat François	Moynat François	235
741	id.	Lépine Louis	Lépine Louis	235
742	id.	Suchet Jean-Marie	Suchet Jean-Marie	235
743	Florine	Blanchard François	Blanchard François	235
744	id.	Degenève François	Degenève François	235
745	Fontaine	Davet Charles-César	Davet Charles-César	236
746	France	Barthéloni Anatole	Vendue à Marseille	236

Nᵒˢ D'ORDRE	NOMS des ANIMAUX	DÉSIGNATION DES ÉLEVEURS ou des PREMIERS PROPRIÉTAIRES	INDICATION du DERNIER PROPRIÉTAIRE	Pages du présent volume
747	Françon	Requet Jean	Requet Jean	236
748	Fribaune	Bidal François	Bidal François	236
749	Fribourg	Frossard Lucien	Frossard Lucien	236
750	Fripon	Boccard-Blandin Jean	Vendue à l'étranger	236
751	Friponne	Berthet Ambroise	Berthet Ambroise	237
752	Frisette	Chardon Jules-Antoine	Chardon Jules-Antoine	237
753	id.	Favre Augustin	Favre Augustin	237
754	Frison	Monnet Gabriel	Vernaz André-Jos.	237
755	id.	Trosset François	Trosset François	237
756	id.	Command Victor	Command Victor	237
757	id.	Grillet-Magnier Fçois	Grillet-Mugnier Fçois	238
758	id.	Degenève Jos.-Séraphin	Degenève Jos.-Séraph.	238
759	id.	Bouvier Joseph	Bouvier Joseph	238
760	id.	Piccot Tita	Piccot Tita	238
761	Frivole	Vuilloud Alphonse	Vuilloud Alphonse	238
762	Fromenta	Levray Marie	Levray Marie	238
763	id.	Jacquier Basile	Jacquier Basile	239
764	Fronde	Blanc Jean-Marie	Blanc Jean-Marie	239
765	Froumille	Marcoz François	Marcoz François	239
766	Fusillade	Jacquier Pierre	Jacquier Pierre	239
767	Gaiton	Cruz Basile	Cruz Basile	239
768	id.	Grillet-Aubert Fçois	Grillet-Aubert Fçois	239
769	Gaillette	Fleury Joseph	Fleury Joseph	240
770	Galette	Cottet Henri	Cottet Henri	240
771	Galoche	Desuzinges	Desuzinges	240
772	Garine	Petit-Jean Paul	Petit-Jean Paul	240
773	Gavotte	Echarnier Ambroise	Echarnier Ambroise	240
774	Gentille	Mouthon Fˢ-Marie	Mouthon Fçois-Marie	240
775	id.	Molliet Edouard	Molliet Edouard	241
776	id.	Gay Mélanie	Gay Mélanie	241

Nos d'ordre	NOMS des ANIMAUX	DÉSIGNATION DES ÉLEVEURS ou des PREMIERS PROPRIÉTAIRES	INDICATION du DERNIER PROPRIÉTAIRE	Page du présent volume
777	Gentille	Bouvier Marie	Bouvier Marie	241
778	id.	Fontaine Etienne	Fontaine Etienne	241
779	id.	Forel François	Forel François	241
782	id.	Bouvier Joseph	Bouvier Joseph	241
783	id.	Chardon Hippolyte	Chardon Hippolyte	242
784	id.	Pinget Roques	Pinget Roques	242
785	Goulue	Vuattoux Antoine	Vuattoux Antoine	242
786	Goulue dite Bouquet	Dumont Amédée	Dumont Amédée	242
787	Gourmande	Pinget Joseph	Pinget Joseph	242
788	id.	Dufour Marie	Dufour Marie	242
789	Grillon	Bochaton Charles	Bochaton Charles	243
790	Guchon	Trosset Ambroise	Vendue à Marseille	243
791	Henria	Maxit François	Maxit François	243
792	Hermance	Rey R.	Vendue à l'étranger	243
793	id.	Folliet François	Folliet François	243
794	Hortense	Guichard Jean	Guichard Jean	243
795	Jaillette	Levray Marie	Levray Marie	244
796	id.	Soudan François	Soudan François	244
797	id.	Burnet Alexis	Burnet Alexis	244
798	id.	Pollient François	Pollient François	244
799	id.	Mercier André	Mercier André	244
800	id.	Condevaux J.-M.	Condevaux J.-M.	244
801	id.	Garin Joseph	Garin Joseph	245
802	id.	Bochet Charles-Félix	Bochet Charles-Félix	245
803	id.	Martin Jean	Martin Jean	245
804	id.	Boinard Basile	Burtin Eugène	245
805	id.	Baud Jean	Baud Jean	245

Nos d'ordre	NOMS des ANIMAUX	DÉSIGNATION DES ÉLEVEURS ou des PREMIERS PROPRIÉTAIRES	INDICATION du DERNIER PROPRIÉTAIRE	Pages du présent volume
806	Jaillette	Sage Joseph	Sage Joseph	245
807	id.	Richard Antoine	Richard Antoine	246
808	id.	Vulliez maire	Vulliez maire	246
809	id.	Piccot Paul	Piccot Paul	246
810	id.	Dégenève Ephise	Dégenève Ephise	246
811	id.	Piccot Jean-Pierre	Piccot Jean-Pierre	246
812	id.	Richard Jos. feu Cl.	Détraz Joseph	246
813	id.	Vaudaux Jules	Vaudaux Jules	247
814	id.	Costa Claude	Costa Claude	247
815	id.	Molliet Joseph	Molliet Joseph	247
816	id.	Colloud François	Colloud François	247
817	id.	Chevallay Jacques	Chevallay Jacques	247
818	id.	Frossard Fs-Xavier	Frossard Fs-Xavier	247
819	id.	Nière-Maréchal Louis	Nière-Maréchal Louis	248
820	id.	Perret Fçois feu Fs	Perret Fçois feu Fs	248
821	id.	Vesin Félix	Vesin Félix	248
822	id.	Jacquier Ls-Gabriel	Jacquier Ls-Gabriel	248
823	id.	Gaillet Bernard	Gaillet Bernard	248
824	id.	Jacquier Marie	Jacquier Marie	248
825	id.	Vittoz Benjamin	Vittoz Benjamin	249
826	id.	Arandel Joseph	Arandel Joseph	249
827	id.	Cachat Jacques	Cachat Jacques	249
828	id.	Jacquier Basile	Jacquier Basile	249
829	id.	Vesin Marie	Vesin Marie	249
830	id.	Vesin Marie-Jos.	Vesin Marie-Jos.	249
831	id.	Roch Marie	Roch Marie	250
832	id.	Vesin Jean	Vesin Jean	250

Nᵒˢ D'ORDRE	NOMS des ANIMAUX	DÉSIGNATION DES ÉLEVEURS ou des PREMIERS PROPRIÉTAIRES	INDICATION du DERNIER PROPRIÉTAIRE	Pages du présent volume
833	Jaillette	Layat Joseph	Viollet François	250
834	id.	Vuattoux Charles	Vuattoux Charles	250
835	id.	Vuattoux Jérémie	Vuattoux Jérémie	250
836	id.	Chaudron Vital	Chaudron Vital	250
837	id.	Baisami Lˢ-Marie	Baisami Lˢ-Marie	251
838	id.	Vuattoux Julien	Vuattoux Julien	251
839	id.	Piccot François	Piccot François	251
840	id.	Arandel Joseph	Vendue à Marseille	251
841	id.	Jacquier Joseph	Jacquier Joseph	251
842	id.	Chevallay Antoine	Chevallay Antoine	251
843	id.	Chevallay Aubin	Vendue à l'étranger	252
844	id.	Bireaux Joseph	Bireaux Joseph	252
845	id.	Dupraux Gaspard	Dupraux Gaspard	252
846	id.	Peillex François	Peillex François	252
847	id.	Buttay And. Marchand	Buttay And. Marchand	252
848	id.	Curdy André	Curdy André	252
849	id.	Jacquier Maurice	Jacquier Maurice	253
850	Jaillon	Baud Joseph	Baud Joseph	253
851	id.	Vve Taberlet-Aujoux	Vve Taberlet-Aujoux	253
852	Jolie	Vve Coffy	Vve Coffy	253
853	id.	Clerc Marie	Clerc Marie	253
854	id.	David Maurice	David Maurice	253
855	id.	Pinget Joseph feu Fˢ	Pinget Joseph feu Fˢ	254
856	Joliette	Brélaz Eugène	Brélaz Eugène	254
857	id.	Bartholoni Anatole	Bartholoni Anatole	254
858	Josette	id.	Vendue à l'étranger	251
859	Joyeuse	Cottet Henri	Cottet Henri	254

Nos d'ordre	NOMS des ANIMAUX	DÉSIGNATION DES ÉLEVEURS ou des PREMIERS PROPRIÉTAIRES	INDICATION du DERNIER PROPRIÉTAIRE	Pages du présent volume
860	Joyeuse	Morel-François	Morel François	254
861	id.	Marchand Marianne	Marchand Marianne	255
862	Julie	Bartholoni Anatole	Bartholoni Anatole	255
863	Juliette	Buttay Félicien	Buttay Félicien	255
864	Lamette	Cottet Henri	Cottet Henri	255
865	id.	Vailly Etienne	Vailly Etienne	255
866	Laurier	Duret Jean	Duret Jean	255
867	id.	Duret Claude	Duret Claude	256
868	id.	Mouthon Jean	Mouthon Jean	256
869	id.	Piccot Joseph frères	Piccot Joseph frères	256
870	id.	Chevallay Théodule	Chevallay Théodule	256
871	Lausenaz	Perrier Paul	Perrier Paul	256
872	Lausanne	Morel-Vulliez François	Morel-Vulliez François	256
873	Léda	Cottet Henri	Cottet Henri	257
874	Lezaine	Veillet Joseph	Veillet Joseph	257
875	Lièvre	Vve Tochet Maurice	Vve Tochet Maurice	257
876	id.	Tochet François	Tochet François	257
877	Lilie	Lolioz Jean	Lolioz Jean	257
878	Lily	Bartholoni Anatole	Bartholoni Anatole	257
879	Lilyon	Maurice Vuilloud	Maurice Vuilloud	258
880	Limoge	Vve Morand	Vve Morand	258
881	id.	Trosset Philippe	Trosset Philippe	258
882	id.	Mermain Alphonse	Mermain Alphonse	258
883	id.	Tournier Jean-Michel	Tournier Jean-Michel	258
884	id.	Blanc Julien	Blanc Julien	258
885	id.	Favre Jacques	Favre Jacques	259
886	id.	Rey Paul	Rey Paul	259
887	Linotte	Vve Morand Pierre	Vve Morand Pierre	259
888	Lionne	Bartholoni Anatole	Bartholoni Anatole	259

N^{os} D'ORDRE	NOMS des ANIMAUX	DÉSIGNATION DES ÉLEVEURS ou des PREMIERS PROPRIÉTAIRES	INDICATION du DERNIER PROPRIÉTAIRE	Pages du présent volume
889	Lionne	Depotex Ignace	Depotex Ignace	259
890	id.	Bartholoni Anatole	Vendue à l'étranger	259
891	id.	Frossard Mélanie	Frossard Mélanie	260
892	id.	Bouvier Célestin	Bouvier Célestin	260
893	id.	Bovet Jules	Bovet Jules	260
894	id.	Périllat Frédéric	Périllat Frédéric	260
895	id.	Pinget Joseph	Pinget Joseph	260
896	id.	Desnzinges François	Vendu à l'étranger	260
897	id.	Bondaz G.	id.	261
898	id.	Vve Bidal-Dupraz Mar.	Vve Bidal-Dupraz Mar.	261
899	id.	Dupraz Jean-Baptiste	Dupraz Jean-Baptiste	261
900	Lisbonne	Périllat Frédéric	Périllat Frédéric	261
901	id.	Bouvier Joseph	Bouvier Joseph	261
902	Lisette	Brélaz Eugène	Brélaz Eugène	262
903	id.	Vve Genoud-Burnet	Vve Genoud-Burnet	262
904	id.	Bidal François	Bidal François	262
905	id.	Depotex Maurice	Depotex Maurice	262
906	id.	Maxit Antoine	Maxit Antoine	262
907	id.	Joly Victor	Joly Victor	262
908	Livrette	Richard Emile	Richard Emile	263
909	Lolotte	Douthe François	Douthe François	263
910	Lombarde	Vulliez Maire	Vulliez Maire	263
911	Lorraine	Deremble François.	Deremble François	263
912	id.	Dufour Jean-François	Dufour Jean-François	263
913	id.	Goy François	Goy François	263
914	id.	Bovet Marie	Bovet Marie	264
915	id.	Bouvier Célestin	Bouvier Célestin	264
916	id.	Périllat Frédéric	Périllat Frédéric	261

Nos d'ordre	NOMS des ANIMAUX	DÉSIGNATION DES ÉLEVEURS ou des PREMIERS PROPRIÉTAIRES	INDICATION du DERNIER PROPRIÉTAIRE	Pages du présent volume
917	Lorraine	Bel Jules	Bel Jules	264
918	id.	Pinget François	Pinget François	264
919	Lunette	Michoux Pierre	Michoux Pierre	264
920	id.	Jordan Elie	Jordan Elie	264
921	id.	Monnet Gabriel	Périe	265
922	id.	Dumont Gaëtan	Dumont Gaëtan	265
923	id.	Buttay André	Buttay André	265
924	id.	Girardoz Emile	Girardoz Emile	265
925	id.	Jacquier Joseph	Jacquier Joseph	265
926	Madrid	Monnet Gabriel	Gounet, vendu au Conc. G. Paris 1897	265
927	id.	Bochet Joseph	Bochet Joseph	266
928	id.	Command Alphonse	Vendue à l'étranger	266
929	id.	Command Victor	Command Victor	266
930	id.	Taberlet Jn-Alphonse	Taberlet Jn-Alphonse	266
931	id.	Costa Claude	Costa Claude	266
932	id.	Boulens Jean	Boulens Jean	266
933	id.	Vigny François	Vigny François	267
934	id.	Crépy François	Crépy François	267
935	id.	Vve David-Humbert A.	Vve David-Humbert A.	267
936	Mamé	Carraud Basile	Périe	267
937	Maria	Premat François	Premat François	267
938	Marianne	Provond Marie	Richard	267
939	id.	Chaudron Joseph	Chaudron Joseph	268
940	Marietta	Bartholoni Anatole	Bartholoni Anatole	268
941	Marinette	Jordan Basile-Marie	Jordan Basile-Marie	268
942	id.	Desuzinges Joseph	Desuzinges Joseph	268
943	Margotte	Brélaz Maurice feu Jh	Brélaz Maurice feu Jh	268

Nᵒˢ D'ORDRE	NOMS des ANIMAUX	DÉSIGNATION DES ÉLEVEURS ou des PREMIERS PROPRIÉTAIRES	INDICATION du DERNIER PROPRIÉTAIRE	Pages du présent volume
944	Margoton	Brélaz Pierre-Joseph	Brélaz Pierre-Joseph	268
945	id.	Trosset Ambroise	Trosset Ambroise	269
946	Marguerite	Bartholoni Anatole	Vendue à Marseille	269
947	id.	Gaillet Bernard	Gaillet Bernard	269
948	id.	Duret Michel	Duret Michel	269
949	Marmotte	Bartholoni Anatole	Bartholoni Anatole	269
950	Marquise	Fleury Joseph	Vendue à l'étranger	269
951	id.	Tagand Alexandre	Tagand Alexandre	270
952	id.	Brélaz Maur. feu Jos.	Brélaz Maurice feu Jos.	270
953	id.	Brélaz Eugène	Brélaz Eugène	270
954	id.	Vuilloud Maurice	Vuilloud Maurice	270
955	id.	Command Victor	Command Victor	270
956	id.	Boccard Fˢ feu Pierre	Boccard Fˢ feu Pierre	270
957	id.	Tournier Marie	Tournier Marie	271
958	id.	Vulliez maire	Vulliez maire	271
959	id.	Monnet Gabriel	Vernaz André-Jos.	271
960	id.	Charrière Pierre	Charrière Pierre	271
961	id.	Fichard Fˢ feu Claude	Fichard Fˢ feu Claude	271
962	id.	Châtelet Marie	Tuée	271
963	id.	Vulliez Jean-Pierre	Vulliez Jean-Pierre	272
964	id.	Vignier Alexandre	Vignier Alexandre	272
965	id.	Vve Boccard	Vve Boccard	272
966	id.	Desuzinges Victor	Desuzinges Victor	272
967	id.	Vesin Félix	Vesin Félix	272
968	id.	Gaillet Bernard	Gaillet Bernard	272
969	id.	Vindret François	Vindret François	273
970	id.	Deconche Dominique	Deconche Dominique	273

Nos d'ordre	NOMS des ANIMAUX	DÉSIGNATION DES ÉLEVEURS ou des PREMIERS PROPRIÉTAIRES	INDICATION du DERNIER PROPRIÉTAIRE	Pages du présent volume
971	Marquise	Chardon Boniface	Chardon Boniface	273
972	id.	Mermet Joseph	Mermet Joseph	273
973	id.	Girard-Dandin Fçois	Girard-Dandin Fçois	273
974	id.	Blanc François	Blanc François	273
975	id.	Vuarand Eugène	Vuarand Eugène	274
977	id.	Grenat Maurice	Grenat Maurice	274
978	id.	Favre Julien	Favre Julien	274
979	id.	Chevallay Joseph	Chevallay Joseph	274
980	Marseille	Vulliez Claude	Vulliez Claude	274
981	Mayence	Berthoud Joseph	Berthoud Joseph	274
982	id.	Benand Jean-Marie	Benand Jean-Marie	275
983	id.	Baud Claude-François	Baud Claude-François	275
984	id.	Benand François	Benand François	275
985	id.	Maxit Antoine	Maxit Antoine	275
986	Mayola	Jacquier François	Jacquier François	275
987	Mélina	Vve Gallay	Vve Gallay	275
988	Mémise	Vesin Marie-François	Vesin Marie-François	276
989	Mercédès	Boccard Jean	Boccard Jean	276
990	Mignonne	Bartholoni Anatole	Bartholoni Anatole	276
991	id.	Boccard François	Boccard François	276
992	id.	Desportes Ignace	Desportes Ignace	276
993	id.	Michoux Pierre	Michoux Pierre	276
994	id.	Tagand Alexandre	Tagand Alexandre	277
995	id.	Molliet Edouard	Molliet Edouard	277
996	id.	Chevallay Jacques	Chevallay Jacques	277
997	id.	Gougain Louis	Gougain Louis	277
998	id.	Baud Joseph	Baud Joseph	277

Nᵒˢ D'ORDRE	NOMS des ANIMAUX	DÉSIGNATION DES ÉLEVEURS ou des PREMIERS PROPRIÉTAIRES	INDICATION du DERNIER PROPRIÉTAIRE	Pages du présent volume
999	Mignonne	Moynat François	Moynat François	277
1000	id.	Marchand Antoine	Marchand Antoine	278
1001	id.	Crépy Ambroise	Crépy Ambroise	278
1002	id.	Buisson Jules	Buisson Jules	278
1003	Mignonette	Fillion Claude	Fillion Claude	278
1004	Minette	Mercier André	Vendue à l'étranger	278
1005	Mirieux	Bartholoni Anatole	Bartholoni Anatole	278
1006	Miroir	Monnet Gabriel	Monnet Gabriel	279
1007	id.	Brélaz Eugène	Brélaz Eugène	279
1008	id.	Mudry François	Mudry François	279
1009	id.	Tournier Maurice	Tournier Maurice	279
1010	id.	Bartholoni Anatole	Veudue à l'étranger	279
1011	id.	Baud Joseph	Baud Joseph	279
1012	id.	Bidal François	Bidal François	280
1013	id.	Morel-Chevillet Fˢ-Jos.	Morel-Chevillet Fˢ-Jos.	280
1014	id.	Jacquier Marie	Jacquier Marie	280
1015	id.	Gaillet Bernard	Gaillet Bernard	280
1016	id.	Viollet Julien	Viollet Julien	280
1017	id.	Piccot Marie-Célestin	Piccot Marie-Célestin	280
1018	id.	Vuarand Eugène	Vuarand Eugène	281
1019	id.	Vuattoux Jérémie	Vuattoux Jérémie	281
1020	id.	Blanc Fçois feu Aimé	Blanc Fçois feu Aimé	281
1021	id.	Dutruel Joseph	Dutruel Joseph	281
1022	id.	Blanc Antoine	Blanc Antoine	281
1023	id.	Chevallay Madeleine	Chevallay Madeleine	281
1024	Miron	Marchand François	Marchand François	282
1025	Mirtylle	Prevond Henri	Prevond Henri	282
1026	Mirza	Maxit Antoine	Maxit Antoine	282

Nᵒˢ D'ORDRE	NOMS des ANIMAUX	DÉSIGNATION DES ÉLEVEURS ou des PREMIERS PROPRIÉTAIRES	INDICATION du DERNIER PROPRIÉTAIRE	Pages du présent volume
1027	Montagne	Vve Bron Athanase	Vve Bron Athanase	282
1028	id.	Vulliez François	Vulliez François	282
1029	id.	Marchand Marianne	Marchand Marianne	283
1030	id.	Grenat Maurice	Grenat Maurice	283
1031	id.	Maulaz Jean-Claude	Maulaz Jean-Claude	282
1032	Montagnon	Cruz frères Jacques	Cruz frères Jacques	283
1033	id.	Maxit Antoine	Vendue à l'étranger	283
1034	Moselle	Bouvier Joseph	Bouvier Joseph	283
1035	Moscou	Marchand Anne	Marchand Anne	283
1036	Motte	Favre Augustin	Favre Augustin	284
1037	Mottet	Trosset François	Trosset François	284
1038	Moustache	Folliet André feu Jᵖ	Folliet André feu Jᵖ	284
1039	id.	Voisin François	Vendue à l'étranger	284
1040	id.	Jordan Elie	Vernaz André-Joseph	284
1041	id.	Command Victor	Command Victor	284
1042	Moutailla	Pinget Joseph	Pinget Joseph	285
1043	id.	Monnet Gabriel	Baud	285
1044	id.	id.	Gonnet C.	285
1045	id.	Cottet juge	Cottet juge	285
1046	id.	Michoux François	Michoux François	285
1047	id.	Benand François	Benand François	286
1048	id.	Benand Jean-Marie	Benand Jean-Marie	285
1049	id.	Boccard François	Boccard François	286
1050	id.	Maxit frères	Maxit frères	286
1051	id.	Bochet François	Bochet François	286
1052	id.	Voisin Basile	Voisin Basile	286
1053	id.	Favre Julien	Favre Julien	286
1054	id.	Maxit Antoine	Maxit Antoine	287

Nos. D'ORDRE	NOMS des ANIMAUX	DÉSIGNATION DES ÉLEVEURS ou des PREMIERS PROPRIÉTAIRES	INDICATION du DERNIER PROPRIÉTAIRE	Pages du présent volume
1055	Moutailla	Berthet J^h-Miolène	Berthet J^h-Miolène	287
1056	id.	Vulliez Joseph	Vulliez Joseph	287
1057	id.	Morand Célestin	Burtin Joseph	287
1058	id.	Perrier René	Perrier René	287
1059	id.	Baud François	Baud François	287
1060	id.	Baud Nicolas	Baud Nicolas	288
1061	id.	Jordan Elie	Jordan Elie	288
1062	id.	Morin Damase	Morin Damase	288
1063	id.	Genoud François	Genoud François	288
1064	id.	Genoud Marie	Genoud Marie	288
1065	id.	Volant François	Volant François	288
1066	id.	Vulliez Jean-Pierre	Vulliez Jean-Pierre	289
1067	id.	Dunant Alexandre	Dunand Alexandre	289
1068	id.	Bondaz Célestin	Bondaz Célestin	289
1069	id.	Chatelain Alexandre	Chatelain Alexandre	289
1070	id.	Bossus Louis	Bossus Louis	289
1071	id.	Jacquier Marie	Jacquier Marie	289
1072	id.	Jacquier Félix	Jacquier Félix	290
1073	id.	Lacroix Edouard	Lacroix Edouard	290
1074	id.	Pinaud Jules	Pinaud Jules	290
1075	id.	Moynat François	Moynat François	290
1076	id.	Pontet François	Pontet François	290
1077	id.	Vve Pontet	Vve Pontet	290
1078	id.	Piccot Julien	Piccot Julien	291
1079	id.	Guyon Louis	Guyon Louis	291
1080	Moutella	Vuattoux Claude	Vuattoux Claude	291
1082	Moutellon	Command Victor	Command Victor	291

Nᵒˢ D'ORDRE	NOMS des ANIMAUX	DÉSIGNATION DES ÉLEVEURS ou des PREMIERS PROPRIÉTAIRES	INDICATION du DERNIER PROPRIÉTAIRE	Pages du présent volume
1083	Mouton	Lolioz Jean-Fçois	Lolioz Jean-Fçois	291
1084	id.	Folliet And. feu Jos.	Folliet And. feu Jos.	291
1085	id.	Daunet Elie	Daunet Elie	292
1086	id.	Vve David Humb.-And.	Vve David Humb.-And.	292
1087	Mulhouse	Piccot Marie	Piccot Marie	292
1088	id.	Roche Jean-Bapt.	Roche Jean-Bapt.	292
1089	id.	Hudry Pierre	Hudry Pierre	292
1090	Mura	Monnet Gabriel	Monnet Gabriel	292
1091	id.	Bartholoni Anatole	Vendue à l'étranger	293
1092	id.	Command Victor	Vendue à Marseille	293
1093	Mutine	Cottet Henri	Cottet Henri	293
1094	id.	Morel François	Morel François	293
1095	Nez blanc	Berger Claude-Marie	Berger Claude-Marie	293
1096	Ninette	Delavouet Jean	Delavouet Jean	293
1097	id.	Dunoyer Jules	Dunoyer Jules	294
1098	Normande	Maxit Eugène	Maxit Eugène	294
1099	id.	Lausenaz François	Lausenaz François	294
1100	Olive	Baud Claude-Fçois	Baud Claude-Fçois	294
1101	Papillon	Monnet Gabriel	Reding, vendue au C. G. Paris 1896	294
1102	id.	Bartholoni Anatole	Bartholoni Anatole	294
1103	id.	Burnet Alexis	Burnet Alexis	295
1104	id.	Cachat J.	Cachat J.	295
1105	id.	Sache Julien	Sache Julien	295
1106	id.	Mercier	Mercier	295
1107	id.	Françoz Fˢ feu Fˢ	Françoz Fˢ feu Fˢ	295
1108	id.	Michoux Pierre	Michoux Pierre	295
1109	id.	Trosset François	Trosset François	296
1110	id.	Piccot Anselme	Piccot Anselme	296

Nos D'ORDRE	NOMS des ANIMAUX	DÉSIGNATION DES ÉLEVEURS ou des PREMIERS PROPRIÉTAIRES	INDICATION du DERNIER PROPRIÉTAIRE	Pages du présent volume
1111	Papillon	Trosset Julien	Trosset Julien	296
1112	id.	Cruz Lucien	Cruz Lucien	296
1113	id.	Voisin Basile	Voisin Basile	296
1114	id.	Promat Jules	Promat Jules	296
1115	id.	Morand François	Morand François	297
1116	id.	Premat Henri	Promat Henri	297
1117	id.	Richard Pierre	Richard Pierre	297
1118	id.	Baud Antoine	Baud Antoine	297
1119	id.	Vulliez maire	Promat Xavier	297
1120	id.	Vve Marchat	Vve Marchat	297
1121	id.	Burnat André	Burnat André	298
1122	id.	Dumont Caëtan	Dumont Gaëtan	298
1123	id.	Charrière Pierre	Charrière Pierre	298
1124	id.	Mercier François	Mercier François	298
1125	id.	Dufour Alphonse	Dufour Alphonse	298
1126	id.	Condevaux Eugène	Condevaux Eugène	298
1127	id.	Guichard Jean	Guichard Jean	299
1128	id.	Baud Lucien	Baud Lucien	299
1129	id.	Trolliet Jean-Joseph	Trolliet Jean-Joseph	299
1130	id.	Baud Marie	Baud Marie	299
1131	id.	Chevallay Jacques	Chevallay Jacques	299
1132	id.	Chevallay Joseph	Chevallay Joseph	299
1133	id.	Liardet Jules	Liardet Jules	300
1134	id.	Chatelain Alexandre	Chatelain Alexandre	300
1135	id.	Morel-Vulliez Fs-Marie	Morel-Vulliez Fs-Marie	300
1136	id.	Genoud Jules	Genoud Jules	300
1137	id.	Depierre Alphonse	Depierre Alphonse	300

Nos. D'ORDRE	NOMS des ANIMAUX	DÉSIGNATION DES ÉLEVEURS ou des PREMIERS PROPRIÉTAIRES	INDICATION du DERNIER PROPRIÉTAIRE	Pages du présent volume
1138	Papillon	Provond Marie	Provond Marie	300
1139	id.	Blanc Jean-Louis	Blanc Jean-Louis	301
1140	id.	Jacquier François	Jacquier François	301
1141	id.	Châtel Louise	Châtel Louise	301
1142	id.	Bireaux Charles	Bireaux Charles	301
1143	id.	Degenève Ephise	Degenève Ephise	301
1144	id.	Vuarand Eugène	Vuarand Eugène	301
1145	id.	Rubens Jean	Rubens Jean	302
1146	id.	Vve Brélaz Folliet	Vve Brélaz-Folliet	302
1147	id.	Jacquier Jh dit Buttay	Jacquier Jh dit Buttay	302
1148	id.	Seydoux Eugène	Seydoux Eugène	302
1149	id.	Pithon Jacques	Marcoz	303
1150	id.	Chevallay Antoine	Vendue à l'étranger	302
1151	id.	Jacquier Joseph	Jacquier Joseph	302
1152	id.	Dutruel Maurice	Vendue à Marseille	303
1153	id.	Trincaz Jh feu André	Trincaz Jh feu André	303
1154	Parise	Degenève Ephise	Degenève Ephise	303
1155	id.	Curtaz Joseph	Curtaz Joseph	303
1156	id.	Command Victor	Command Victor	303
1157	id.	Favre Julien	Favre Julien	304
1158	id.	Forel François	Forel François	304
1159	id.	Colloud Fs feu Frédéric	Colloud Fs feu Frédéric	304
1160	Pathou	Boccard François	Boccard François	304
1161	Pauline	Suchet Pierre	Suchet Pierre	304
1162	Perdrix	Command Victor	Command Victor	304
1163	id.	Bouvier Jean	Bouvier Jean	305
1164	id.	Garin Joseph	Garin Joseph	305
1165	id.	Durand Antoine	Durand Antoine	305

N^{os} D'ORDRE	NOMS des ANIMAUX	DÉSIGNATION DES ÉLEVEURS ou des PREMIERS PROPRIÉTAIRES	INDICATION du DERNIER PROPRIÉTAIRE	Pages du présent volume
1166	Perdrix	Vigny François	Vigny François	305
1167	id.	Mugnier Joseph	Mugnier Joseph	305
1168	id.	Pontet François	Pontet François	305
1169	id.	Daunet Elie	Daunet Elie	306
1170	id.	Vuarand Maurice	Vuarand Maurice	306
1171	id.	Marchand Antoine	Marchand Antoine	306
1172	id.	Favre Julien	Favre Julien	306
1173	id.	Viollet Julien	Viollet Julien	306
1174	Perle	Boulens François	Boulens François	306
1175	Pérouse	Requet André	Requet André	307
1176	Perroquet	Bartholoni Anatole	Bartholoni Anatole	307
1177	id.	Command Alphonse	Command Alphonse	307
1178	id.	Vuilloud Charles	Vuilloud Charles	307
1179	id.	Favre Julien	Favre Julien	307
1180	id.	Dépierre Eugène	Dépierre Eugène	307
1181	id.	Vulliez François	Vulliez François	308
1182	id.	Grillet-Paysan Laurent	Grillet-Paysan Laurent	308
1183	id.	Marchand Ambroise	Marchand Ambroise	308
1184	id.	Buttay Maurice	Buttay Maurice	308
1185	Perruche	Guichard Jean	Guichard Jean	308
1186	Perruque	Roch Marie	Roch Marie	308
1187	Persy	Bartholoni Anatole	Vendue à l'étranger	309
1188	Petite	Genoud François	Genoud François	309
1189	id.	Deconche Victor	Deconche Victor	309
1190	Picolette	Buffet Pierre-Joseph	Buffet Pierre-Joseph	309
1191	id.	Maulaz André	Maulaz André	309

N^{os} D'ORDRE	NOMS des ANIMAUX	DÉSIGNATION DES ÉLEVEURS ou des PREMIERS PROPRIÉTAIRES	INDICATION du DERNIER PROPRIÉTAIRE	Pages du présent volume
1192	Picolette	Trosset François	Trosset François	309
1193	id.	Berthet J^h-Miolène	Berthet J^h-Miolène	310
1194	id.	Maulaz André	Maulaz André	310
1195	id.	Vve Grillet Joseph	Vve Grillet Joseph	310
1196	id.	Crépy Ambroise	Crépy Ambroise	310
1197	Pigeon	Liège Augustin	Liège Augustin	310
1198	id.	Sache Louis	Sache Louis	310
1199	id.	Trosset Julien	Trosset Julien	311
1200	id.	Mouthon Joseph	Mouthon Joseph	311
1201	id.	Crépy François	Crépy François	311
1202	id.	David Fçois-Saturnin	David Fçois-Saturnin	311
1203	id.	Tochet François	Tochet François	311
1204	id.	David Maurice	David Maurice	311
1205	id.	David Saturnin	David Saturnin	312
1206	id.	Grenat Maurice	Grenat Maurice	312
1207	id.	Maxit Paul	Maxit Paul	312
1208	Pigeonne	Bartholoni Anatole	Bartholoni Anatole	312
1209	id.	Cruz frères Jacques	Cruz frères Jacques	312
1210	id.	Trosset Ambroise	Trosset Ambroise	312
1211	id.	Bartholoni Anatole	Vendue à l'étranger	313
1212	id.	Durand Antoine	Durand Antoine	313
1213	id.	Châtelet François	Rebut Cl. sœurs et fr^{re}	313
1214	id.	Fichard François	Fichard François	313
1215	id.	Vve Fichard Joseph	Vve Fichard Joseph	313
1216	id.	Boulens Jean	Tuée	313
1217	id.	Blanc Julien	Blanc Julien	314
1218	id.	Vuattoux François	Vuattoux François	314
1219	id.	Gaillet Bernard	Gaillet Bernard	314

Nᵒˢ D'ORDRE	NOMS des ANIMAUX	DÉSIGNATION DES ÉLEVEURS ou des PREMIERS PROPRIÉTAIRES	INDICATION du DERNIER PROPRIÉTAIRE	Pages du présent volume
1220	Pigeonne	Vachat Joseph	Vachat Joseph	314
1221	id.	Meynet Joseph	Meynet Joseph	314
1222	Pilatresse	Bireaux Michel	Bireaux Michel	314
1223	Pingette	Favre Julien	Favre Julien	315
1224	Pipette	Michoud Pierre	Michoud Pierre	315
1225	id.	Jordan Elie	Jordan Elie	315
1226	Pistolet	Petit Jean-François	Petit Jean-François	315
1227	Plaisance	Michoux Pierre	Michoux Pierre	315
1228	Plumet	Rubens François	Rubens François	316
1229	id.	Vuarand François	Vuarand François	315
1230	id.	David Maurice	David Maurice	316
1231	Pointue	Mouthon Joseph-Marie	Mouthon Joseph-Marie	316
1232	Pologne	Marchand Anne	Marchand Anne	316
1233	Pomma	Trosset Jʰ feu Jʰ	Trosset Jʰ feu Jʰ	316
1234	Pommette	Guichard Jean	Guichard Jean	316
1235	id.	Cretin Joseph	Cretin Joseph	317
1236	id.	Cruz Basile	Cruz Basile	317
1237	id.	Boccard François	Boccard François	317
1238	id.	Maxit frères	Maxit frères	317
1239	Pompon	Grenat Jʰ feu Michel	Grenat Jʰ feu Michel	317
1240	id.	Mottiez Jean-Marie	Mottiez Jean-Marie	317
1241	Pomponne	Trincaz Jʰ feu Louis	Trincaz Jʰ feu Louis	318
1242	Pomponnette	Command Victor	Vendue en Suisse	318
1243	Pouleau	Piccot Joseph frères	Piccot Joseph frères	318
1244	Poulette	Baillet François	Baillet François	318
1215	Poupée	Tagand Louis feu Jʰ	Tagand Louis feu Jʰ	318
1246	Provence	Berthet Jʰ-Miolène	Berthet Jʰ-Miolène	318
1247	Province	Duret Jules	Duret Jules	319
1248	id.	Dufour Jean-François	Dufour Jean-François	319
1249	id.	Molliet Edouard	Molliet Edouard	319

Nos D'ORDRE	NOMS des ANIMAUX	DÉSIGNATION DES ÉLEVEURS ou des PREMIERS PROPRIÉTAIRES	INDICATION du DERNIER PROPRIÉTAIRE	Pages du présent volume
1250	Quadrille	Tagand Claude	Tagand Claude	319
1251	id.	Benand Jean-Marie	Benand Jean-Marie	319
1252	id.	Maxit Eugène	Maxit Eugène	319
1253	id.	Trosset Ambroise	Trosset Ambroise	320
1254	id.	Costa Claude	Costa Claude	320
1255	id.	Condevaux Eugène	Condevaux Eugène	320
1256	id.	Bovet François	Bovet François	320
1257	id.	id.	id.	320
1258	id.	Baud-Lavigne	Baud-Lavigne	320
1259	id.	Gay Mélanie	Gay Mélanie	321
1260	id.	Bouvier Marie	Bouvier Marie	321
1261	id.	Hudry Joseph	Hudry Joseph	321
1262	id.	Pinget Pierre	Pinget Pierre	321
1263	id.	Chardon Edouard	Chardon Edouard	321
1264	id.	Vulliez Claude	Vulliez Claude	321
1265	id.	Rey Renaud	Rey Renaud	322
1266	id.	Hudry Pierre	Hudry Pierre	322
1267	id.	Vesin Joseph	Vesin Joseph	322
1268	id.	Piccon Marie	Piccon Marie	322
1269	id.	Berthet Pierre	Berthet Pierre	322
1270	id.	Girard-Chopet Barnabé	Girard-Chopet Barnabé	322
1271	id.	Blanc François	Blanc François	323
1272	id.	Gagneux André	Gagneux André	323
1273	id.	Vuattoux Jérémie	Vuattoux Jérémie	323
1274	id.	Dupraz Jean	Dupraz Jean	323
1275	id.	Viollet Julien	Viollet Julien	323
1276	id.	Piccot Joseph frères	Piccot Joseph frères	323
1277	Rabelette	Guichard Jean	Guichard Jean	324

Nᵒˢ D'ORDRE	NOMS des ANIMAUX	DÉSIGNATION DES ÉLEVEURS ou des PREMIERS PROPRIÉTAIRES	INDICATION du DERNIER PROPRIÉTAIRE	Pages du présent volume
1278	Reine	Bartholoni Anatole	Bartholoni Anatole	324
1279	id.	Vesin François	Vesin François	324
1280	Renée	Cottet Henri	Cottet Henri	324
1281	Réveil	Vanel François	Vanel François	324
1282	id.	Dufour Jᵖ-François	Dufour Jᵖ-François	324
1283	id.	Morel-Vulliez Célestin	Morel-Vulliez Célestin	325
1284	id.	Gaillet Bernard	Gaillet Bernard	325
1285	id.	Chappuis Louis	Chappuis Louis	325
1286	Riban	Levray Marie	Levray Marie	325
1287	id.	Gallay Louis	Gallay Louis	325
1288	id.	Mercier André	Mercier André	325
1289	id.	Tagand François	Tagand François	326
1290	id.	Folliet Gaspard	Folliet Gaspard	326
1291	id.	Trosset Joseph-Justin	Trosset Joseph-Justin	326
1292	id.	Guichard Jean	Guichard Jean	326
1293	id.	Favre François	Favre François	326
1294	id.	Baud Joseph	Vendue à l'étranger	326
1295	id.	Vve Liège	Vve Liège	327
1296	id.	Vuilloud César	Vuilloud César	327
1297	id.	Baisami Louis-Marie	Baisami Louis-Marie	327
1298	id.	Vuattoux Jérémie	Vuattoux Jérémie	327
1299	id.	Viollet Julien	Viollet Julien	327
1300	id.	Piccot François	Piccot François	327
1301	Ribanne	Degenève François	Degenève François	328
1302	Rigodon	Converset Joseph	Converset Joseph	328
1303	Rivière	Degenève Pierre	Degenève Pierre	328
1304	Rocharde	Maulaz André	Maulaz André	328
1305	id.	Jacquier François	Jacquier François	328
1306	id.	Jacquier Marie	Jacquier Marie	328
1307	Roge	Maxit Antoine	Maxit Antoine	329

Nos D'ORDRE	NOMS des ANIMAUX	DÉSIGNATION DES ÉLEVEURS ou des PREMIERS PROPRIÉTAIRES	INDICATION du DERNIER PROPRIÉTAIRE	Pages du présent volume
1308	Romanie	Monnet Gabriel	Reding, vendue au C. G. Paris 1896	329
1309	id.	Bouvier Joseph	Bouvier Joseph	329
1310	id.	Châtelain Jean	Châtelain Jean	329
1311	id.	Morel-Vulliez Louis	Morel-Vulliez Louis	329
1312	id.	Bartholoni Anatole	Bartholoni Anatole	329
1313	Romance	Pinget Pierre	Pinget Pierre	330
1314	id.	Piccot Adrien	Piccot Adrien	330
1315	Ronda	Dépierre Alphonse	Dépierre Alphonse	330
1316	id.	Bartholoni Anatole	Bartholoni Anatole	330
1317	id.	Boccard François	Boccard François	330
1318	Rondelle	Jacquier Joseph	Jacquier Joseph	330
1319	Rosa	Jordan Elie	Jordan Elie	331
1320	id.	Vve Marchat	Vve Marchat	331
1321	id.	Morin Damase	Morin Damase	331
1322	Rose	Dunand Alexandre	Dunand Alexandre	331
1323	id.	Verboux Emile	Verboux Emile	331
1324	id.	Viollet François	Ve Deconche-Verboux Lᵉ	331
1325	id.	Vesin Marie-François	Vesin Marie-François	332
1326	id.	Berthet Marie	Berthet Marie	332
1327	Rosette	Gaillet Marie	Gaillet Marie	332
1328	Rouge	Jacquier Germain	Jacquier Germain	332
1329	id.	Vuarand Ambroise	Vuarand Ambroise	332
1330	Rougette	Trosset François	Trosset François	332
1331	id.	Mudry Constance	Mudry Constance	333
1332	id.	Baud Antoine	Baud Antoine	333
1333	id.	Richard Emile	Richard Emile	333
1334	Roulette	Maxit François	Maxit François	333

Nᵒˢ D'ORDRE	NOMS des ANIMAUX	DÉSIGNATION DES ÉLEVEURS ou des PREMIERS PROPRIÉTAIRES	INDICATION du DERNIER PROPRIÉTAIRE	Pages du présent volume
1335	Rousse	Genoux François	Genoux François	333
1336	id.	Boulens Joseph	Boulens Joseph	333
1337	id.	Juget Claude	Juget Claude	334
1338	Rousette	Bartholoni Anatole	Vendue à l'étranger	334
1339	Rozon	Bartholoni Anatole	Bartholoni Anatole	334
1340	Ruban	Bartholoni Anatole	Bartholoni Anatole	334
1341	id.	Monnet Gabriel	Reding, vendue au C. C. 1896	334
1342	id.	Piccot Paul	Piccot Paul	335
1343	id.	Frossard Fçois-Léon	Frossard Fçois-Léon	334
1344	id.	Dupraz Jean	Dupraz Jean	335
1345	id.	Gagneux Joseph	Gagneux Joseph	335
1346	id.	Tavernier François	Tavernier François	335
1347	Rubis	Monnet Gabriel	Monnet Gabriel	335
1348	Safran	Trosset Julien	Vendue à l'étranger	335
1349	Sapinette	Command Victor	Vendue à l'étranger	336
1350	Sauteuse	Berthet André	Berthet André	336
1351	Sauvageonne	Grenat André-Joseph	Grenat André-Joseph	336
1352	Savoyarde	Maxit François	Maxit François	336
1353	Seda	Bondaz François	Bondaz François	336
1354	Superbe	Berthet André	Berthet André	336
1355	Suzette	Guichard Jean	Guichard Jean	337
1356	Tachetée	id.	id.	337
1357	Taillade	Maulaz Jean-Claude	Maulaz Jean-Claude	337
1358	Taillarde	Bons Maurice	Bons Maurice	337
1359	Taillon	Grenat-Petit André	Grenat-Petit André	337
1360	Tambour	Gallay Louis	Gallay Louis	337
1361	id.	Maxit Antoine	Maxit Antoine	338
1362	id.	Command Victor	Vendue en Suisse	338

Nᵒˢ D'ORDRE	NOMS des ANIMAUX	DÉSIGNATION DES ÉLEVEURS ou des PREMIERS PROPRIÉTAIRES	INDICATION du DERNIER PROPRIÉTAIRE	Pages du présent volume.
1363	Tambour	Maxit maire	Maxit maire	338
1364	Taquine	Bullat Alfred	Bullat Alfred	338
1365	Tasson	Brélaz Eugène	Brélaz Eugène	338
1366	Tigra	Bartholoni Anatole	Cᵗᵉ de Labédoyère	338
1367	Troquier	Brélaz Eugène	Brélaz Eugène	339
1368	Truite	Guichard Jean	Guichard Jean	339
1369	Tulipe	Aubert François	Aubert François	339
1370	id.	Jordan Elie	Jordan Elie	339
1371	id.	David François	David François	339
1372	id.	Marchand François	Marchand François	339
1373	id.	Grenat Jean	Grenat Jean	340
1374	Turin	Bartholoni Anatole	Bartholoni Anatole	340
1375	id.	Baud Claude-François	Baud Claude-François	340
1376	Turquie	Crépy Antoine	Crépy Antoine	340
1377	Turquoise	Voisin François	Voisin François	340
1378	Vainqueur	Buffet Pierre	Buffet Pierre	340
1379	id.	Gagneux Etienne	Gagneux Etienne	341
1380	id.	Aymond Hyacinthe	Aymond Hyacinthe	341
1381	id.	Cruz Jean	Cruz Jean	341
1382	id.	Bertrand François	Bertrand François	341
1383	Valaisanne	Maxit Antoine	Maxit Antoine	341
1384	id.	Vuarand Auguste	Vuarand Auguste	341
1385	Valence	Chardon Edouard	Chardon Edouard	342
1386	id.	Meynet Hippolyte	Meynet Hippolyte	342
1387	id.	Bartholoni Anatole	Bartholoni Anatole	342
1388	id.	Chédal Jean-Louis	Chédal Jean-Louis	342
1389	id.	Chédal Célestin	Chédal Célestin	342

N^{os} D'ORDRE	NOMS des ANIMAUX	DÉSIGNATION DES ÉLEVEURS ou des PREMIERS PROPRIÉTAIRES	INDICATION du DERNIER PROPRIÉTAIRE	Pages du présent volume
1390	Valence	Piccot Adrien	Piccot Adrien	342
1391	id.	Piccot Marie	Piccot Marie	343
1392	id.	Piccot Jean-Pierre	Piccot Jean-Pierre	343
1393	id.	Joly Joseph	Joly Joseph	343
1394	Vallace	Chardon Émile	Chardon Émile	346
1395	Valonne	Piccot Joseph frères	Piccot Joseph frères	343
1396	id.	Chédal Célestin	Chédal Célestin	343
1397	id.	Frossard Alexandre	Frossard Alexandre	343
1398	Vanille	Durand Pierre	Durand Pierre	344
1399	id.	Jaccard André	Jaccard André	344
1400	Vaporeuse	Premat Xavier	Premat Xavier	344
1401	Vaudard	Peillex François	Peillex François	344
1402	Vaudoise	Tagand Alexandre	Tagand Alexandre	344
1403	Venise	Piccot Alexandre	Piccot Alexandre	344
1404	id.	Tagand Joseph	Tagand Joseph	345
1405	Vénus	Cottet Henry	Cottet Henry	345
1406	id.	Echarnier Ambroise	Echarnier Ambroise	345
1407	Verdan	Morel-Chevillet Pierre	Morel-Chevillet Pierre	345
1408	Vigan	Vallet frères	Vallet frères	345
1409	Violette	Guichard Jean	Guichard Jean	345
1410	id.	Pasquier Simon	Bartholoni Anatole	346
1411	Vrille	Grenat-Petit André	Grenat-Petit André	346
1412	Wallace	Chardon Émile	Chardon Émile	346
1413	Zette	Frézier Frédéric	Frézier Frédéric	346
1414	Zizette	Chevallay Joséphine	Chevallay Joséphine	346
1415	Zora dit Bouquet	Cochevet Basile	Cochevet Basile	346

GÉNISSES

**Admises provisoirement au titre d'origine
et dont l'inscription définitive ne pourra avoir lieu
qu'après le vélage
en exécution de l'art. 9 du Règlement**

Nos D'ORDRE	NOMS des ANIMAUX	DÉSIGNATION DES ÉLEVEURS ou des PREMIERS PROPRIÉTAIRES	INDICATION du DERNIER PROPRIÉTAIRE	Pages du présent volume
1	Abondance	Burnet Louis	Burnet Louis	347
2	id.	Meynet Jean	Meynet Jean	347
3	Aïcka	Bartholoni Anatole	Bartholoni Anatole	347
4	Alsace	Monnet Gabriel	Vendue à l'étranger	347
5	Belle	id.	id.	348
6	Bichette	Davet César	id.	348
7	Blanchette	Trosset Julien	Trosset Julien	348
8	Blanzine	Davet Charles	Davet Charles	348
9	Bocharde	David Maurice	David Maurice	348
10	Boquet	Folliet François	Folliet François	348
11	Boucharde	Grillet Aubert Fçois	Grillet-Aubert Fçois	349
12	Bouquet	Mercier François	Mercier François	349
13	id.	Trosset Julien	Trosset Julien	349
14	id.	Benand François	Benand François	349
15	id.	Desportes Maurice	Desportes Maurice	349
16	id.	Girardoz Louis	Girardoz Louis	349
17	id.	Chaudron Vital	Chaudron Vital	350
18	id.	Piccot François	Piccot François	350
19	id.	Duborgel Jean-Marie	Duborgel Jean-Marie	350
20	Caro	Grillet-Aubert Maurice	Grillet-Aubert Maurice	350
21	Carouge	Chédal Jean-Louis	Chédal Jean-Louis	350
22	Coquine	Monnet Gabriel	Monnet Gabriel	350
23	Couronne	Mermain Alphonse	Mermain Alphonse	351
24	id.	Vuattoux Jérémie	Vuattoux Jérémie	351
25	id.	Dupraz Jean-Marie	Dupraz Jean-Marie	351

Nos D'ORDRE	NOMS des ANIMAUX	DÉSIGNATION DES ÉLEVEURS ou des PREMIERS PROPRIÉTAIRES	INDICATION du DERNIER PROPRIÉTAIRE	Pages du présent volume
26	Déesse	Monnet Gabriel	Vendue à l'étranger	351
27	Divonne	Favre Augustin	Favre Augustin	351
28	Dragonne	Tochet François	Tochet François	351
29	Etoile	Bartholoni Anatole	Vendue à Lyon	352
30	id.	Rey Alfred	Rey Alfred	352
31	id.	Bartholoni Anatole	Bartholoni Anatole	352
32	Fleurette	Frossard Joseph	Frossard Joseph	352
33	Fleurie	Châtelain Jean	Châtelain Jean	352
34	id.	Duchesne Joseph	Duchesne Joseph	352
35	Flora II	Bartholoni Anatole	Bartholoni Anatole	353
36	Florence	Piccot François	Piccot François	353
37	id.	Blanc Antoine	Blanc Antoine	353
38	Floria	Détraz Pauline	Détraz Pauline	353
39	Fontaine	Chevallay Joseph	Chevallay Joseph	353
40	Jaillette	Burnet Julien	Burnet Julien	353
41	id.	Aly Jean	Aly Jean	354
42	id.	Degenève François	Degenève François	354
43	id.	Bireaux Laulau	Bireaux Laulau	354
44	Juliette	Bartholoni Anatole	Bartholoni Anatole	354
45	Justice	id.	id.	354
46	Laurier	Mouthon Jean	Mouthon Jean	354
47	Lorraine	Monnet Gabriel	Périe	355
48	Lunette	Jacquier Maurice	Jacquier Maurice	355
49	Madrid	Carraud Basile	Vendue à l'étranger	355
50	Marion	Dessaix Joséphine	Dessaix Joséphine	355
51	Marquise	Bartholoni Anatole	Vendue à l'étranger	355
52	id.	David Maurice	David Maurice	355
53	Mayence	Grillet-Aubert Jean	Grillet-Aubert Jean	356
54	id.	Marchand Ambroise	Marchand Ambroise	356

Nos D'ORDRE	NOMS des ANIMAUX	DÉSIGNATION DES ÉLEVEURS ou des PREMIERS PROPRIÉTAIRES	INDICATION du DERNIER PROPRIÉTAIRE	Pages du présent volume
55	Mignonne	Bartholoni Anatole	Vendue à l'étranger	356
56	id.	Grillet-Aubert Jean	Grillet-Aubert Jean	356
57	id.	Marchand Ambroise	Marchand Ambroise	356
58	id.	Favre Julien	Favre Julien	356
59	Orange	Benand Jean	Benand Jean	357
60	Papillon	Félisaz Adrien	Félisaz Adrien	357
61	id.	David Maurice	David Maurice	357
62	id.	Frossard Joseph	Frossard Joseph	357
63	Pauline	Bron André	Bron André	357
64	Perroquet	Thoule Pierre	Thoule Pierre	357
65	Picolette	Moille François	Moille François	358
66	Pierrette	Berthet Joseph-Miolène	Berthet Joseph-Miolène	358
67	Pigeon	Grenat Jean	Grenat Jean	358
68	Pindon	Bartholoni Anatole	Bartholoni Anatole	358
69	Ribon	Vuattoux Julien	Vuattoux Julien	358
70	Romanie	Monnet Gabriel	Vernaz André-Joseph	358
71	id.	Blanc Joseph	Blanc Joseph	359
72	Ronda	Marchand Ambroise	Marchand Ambroise	359
73	Rose	Boujon Eugène	Boujon Eugène	359
74	Ruban	Piccot Anselme	Piccot Anselme	359
75	Tulipe	Crépy Pierre	Crépy Pierre	359
76	id.	Vallet frères	Vallet frères	359
77	Turban	Veillet Fçois-Alexandre	Veillet Fçois-Alexandre	360
78	Turin	Marchand Anne	Marchand Anne	360
79	Vainqueur	Blanc Requet	Blanc Requet	360
80	Valence	Vuattoux Claude	Vuattoux Claude	360
81	id.	Frossard Alexandre	Frossard Alexandre	360
82	Valonne	Chédal Joseph	Chédal Joseph	360

DEUXIÈME PARTIE

LISTE DES ÉLEVEURS

OU PROPRIÉTAIRES D'ANIMAUX

Avec l'indication des numéros sous lesquels ceux-ci sont désignés

LISTE

des éleveurs ou propriétaires d'animaux avec l'indication des numéros sous lesquels ceux-ci sont désignés.

Aly Jean, Prailles-Sciez,   1560, 858.

Antonioz, Biot,   505.

Arandel Joseph, Thollon,   1113, 1115, 1116.

Arandel Joseph, Bernex,   2008, 2009, 2010.

Aubert François, Abondance,   309, 310.

Aymond Hyacinthe, Abondance,   1327, 1348, 1350.

Baillet François, Lullin,   1278.

Baisami Louis-Marie, Lullin,   1517, 1517.

Bartholoni Anatole, Château de Coudrée,   21, 22, 23, 82, 83, 84, 85, 86, 87, 88, 141, 142, 143, 144, 145, 146, 147, 148, 149, 150, 151, 152, 153, 154, 155, 156, 157, 158, 159, 160, 161, 162, 163, 164, 165, 166, 637, 638, 639, 640, 641, 642, 643, 645, 646, 647, 649, 650, 651, 652, 653, 654, 655, 656, 657, 658, 659, 660, 663, 1065, 1066, 1067, 1068, 1069, 1070, 1071, 1072, 1073, 1074, 1075, 1076, 1079, 1394, 1395, 1396.

Bastard Marie, Boëge,   749.

Baud Antoine, Morzine,   544, 545, 561, 546.

Baud-Berthier Joseph, Bogève,   801.

Baud Claude-François, Morzine,   572, 573, 574, 575, 576, 577, 578, 579.

Baud François feu Philibert, Morzine,   542, 517.

Baud-Grasset François, Bogève,   20, 772, 773, 758.

Baud Jean, Morzine,   540, 541.

Baud Jean feu Anselme, Morzine,   553.

Baud Joseph, Morzine,   552, 568.

Baud Joseph, Reyvroz,   967.

Baud Joseph, Bellevaux,   1025, 1026, 1029.

Baud-Lavigne, Bogève,   774.

Baud Lucien, Bons, 915, 926, 927.
Baud Marie, Bons, 933, 934.
Baud Nicolas feu Aimé, Morzine, 556, 570, 571.
Baud Pierre fils de François, Morzine, 580.
Beguin Louis, Anthy, 836, 837.
Bel Jules, Bogève, 805, 806, 807.
Bel Célestin, Bogève, 821, 822.
Benand François, Melon-Abondance, 1316, 1336, 318.
Benand Jean, Abondance, 1310, 1328, 1339.
Benand Jean-Marie, Abondance, 308, 319, 320, 321.
Benand Pierre, Abondance, 1362.
Berger Claude, Morzine, 550, 551.
Bernard Jean, Abondance, 1355.
Berthet André, Fayet-Abondance, 1349.
Berthet Ambroise, Abondance, 54, 55, 1338.
Berthet Joseph feu Claude, Abondance, 16.
Berthet Joseph-Miolène, Abondance, 466, 467, 468, 469, 1323.
Berthet Marie, Perrignier, 1158.
Berthet Pierre, Abondance, 1335, 1308.
Berthoud Joseph, Abondance, 315, 1297.
Bertrand François, Abondance, 1375.
Besançon Louis, Marin, 1.
Besson Jean, Abondance, 1353.
Bidal-Dupraz Marie Vve, Lullin, 1267, 1398 bis.
Bidal François, Vailly, 1000, 1001, 1002.
Bireaux Antoine Laulau, Bernex, 2015, 2016, 2017, 2019.
Bireaux Auguste, Bernex, 2075.
Bireaux Charles, Bernex, 1195, 1196.
Bireaux Eugène, Bernex, 2034.
Bireaux Joseph, Bernex, 2049, 2050.
Bireaux Michel, Bernex, 2003.

Bireaux Michel-Gabriel, Bernex, 2091.
Blanc Antoine, Bernex, 2046, 2047, 2092.
Blanc (Baron), Publier, 118, 119, 120, 121.
Blanc (Commandant), Publier, 167.
Blanc-Depotex Joseph, Mont-Abondance, 1363.
Blanc François, Chevenoz, 214.
Blanc François feu Aimé, Bernex, 2031, 2032.
Blanc François feu Claude, La Chapelle, 1484, 1485, 1486.
Blanc François, Mont-Abondance, 1313, 1315, 1346, 1366, 1372, 1377, 1378.
Blanc François, Abondance, 1330.
Blanc Jean-Louis, Thollon, 38, 39, 1128, 1129.
Blanc Jean-Marie, Richebourg Abondance, 1314.
Blanc Joseph, Mont Abondance, 1363, 1381.
Blanc Joseph, La Chapelle, 1474.
Blanc Julien, Bellevaux, 1033, 1034.
Blanchard François, Thonon-les-Bains, 134.
Boccard François, La Chapelle, 132, 373, 374, 375.
Boccard-Blandin Jean, La Chapelle, 1341.
Boccard François feu Pierre, La Chapelle, 419, 420, 421.
Boccard Jean, La Chapelle, 1382.
Boccard Veuve, Bons, 928.
Bochaton A., Thollon, 1080.
Bochaton Charles, Larringes, 186, 187.
Bochaton François, Chignan (Allinges), 30, 31.
Bochaton Veuve, Thollon, 1087.
Bochet Charles-Félix, Vacheresse, 497.
Bochet François, La Chapelle, 380, 381.
Bochet Jean, Vacheresse, 486, 487, 488.
Bochet Joseph, St-Paul, 191, 192.
Bogagny Jean, Perrignier, 1189.
Boinard Basile, Biot, 516.

Bondaz Célestin, Reyvroz, 953.
Bondaz François, Reyvroz, 969.
Bondaz G., Reyvroz, 1012.
Bondaz Jean, Thonon-les-Bains, 1280.
Bondaz Joseph, Allinges, 601, 602.
Bondaz Jean, Reyvroz, 942.
Bondaz Julien, Reyvroz, 954, 955.
Bondaz Louis, Reyvroz, 946.
Bondaz Pierre, Armoy, 8.
Bons-Fontan François, Vacheresse, 1383.
Bons Maurice, Vacheresse, 60, 61, 62, 300, 301.
Bossus Jean-Marie, Pesinges-Cervens, 29, 1049.
Bossus Louis, Maugny-Draillant, 1035, 1036, 1037, 1038.
Bouget Joseph, Reyvroz, 956.
Boujard Hippolyte, Evian-les-Bains, 599.
Boujon Eugène, Champanges, 1386, 1387.
Boulens Alexis, Douvaine, 907.
Boulens François, Douvaine, 889, 890, 891, 892.
Boulens Jean, Douvaine, 899, 900, 901.
Boulens Joseph, Douvaine, 902.
Bouvet Nazaire, La Vernaz, 5.
Bouvier Alexandre, Chevenoz, 199, 201.
Bouvier Célestin, Bogève, 766, 767, 768.
Bouvier Jean, Vacheresse, 490.
Bouvier Jean feu Louis, Vacheresse, 255, 256.
Bouvier Joseph, Vacheresse, 491.
Bouvier Joseph, Bogève, 808, 809, 810, 811, 812, 813, 814, 815, 816.
Bouvier Joseph, Vailly, 990.
Bouvier Marie, Bogève, 777, 778, 779, 780.
Bovet François, Bogève, 762, 763.
Bovet François feu François, Bogève, 769.
Bovet Jules, Bogève, 770, 771.

Bovet Marie, Bogève, 764.

Bozon Auguste, Thonon-les-Bains, 598.

Brélaz Eugène, La Chapelle, 51, 368, 369, 370, 371, 372.

Brélaz-Folliet Vve, La Chapelle, 1470, 1471, 1472.

Brélaz Maurice feu Jean, La Chapelle, 361, 440.

Brélaz Pierre-Jean, La Chapelle, 358.

Bron André, Bernex, 1197, 1198, 2078.

Bron Athanase Vve, Vacheresse, 238, 248.

Bron François-Jean, Vacheresse, 289, 492.

Buffet Pierre, Abondance, 311, 1308, 1309.

Buisson Jules, Bernex, 2037.

Bullaz Alfred, Excenevex, 19, 79, 1290.

Burnaz André, Thonon-les-Bains, 606.

Burnet Alexis, Maxilly, 180, 181, 182, 183.

Burnet Julien, Lullin, 1515.

Burnet Louis, Lullin, 1530.

Buttet Alphonse, Villard-sur-Boëge, 715, 716,

Buttay André-Marchand, Bernex, 1199, 2000, 2065, 2068, 2069, 2070, 2071.

Buttay Félicien, Bernex, 2001, 2002.

Buttay Joseph, Bernex, 2094.

Buttay Maurice, Bernex, 2072, 2073, 2074.

Cachat Jacques, Thollon, 1117.

Cachat J., Neuvecelle, 193.

Carraud Basile, Séchy-Allinges, 633, 635, 636, 1397, 1563, 1564.

Cettour André fils, Bonnevaux, 1369.

Cettour Joseph, Chevenoz, 212, 226, 227.

Chappuis Louis, Chignan-Allinges, 1399.

Chardon Boniface, Perrignier, 1182, 1183.

Chardon Édouard, Bogève, 829, 830, 831.

Chardon Émile, Bogève, 826.

Chardon François-Pautex, Bogève, 765.

Chardon Hippolyte, Bogève,   818, 819, 820.
Chardon Jules-Antoine, Bogève,   799.
Charles François, Chevênoz,   217.
Charles Vve, Abondance,   1518.
Charmot René, Jussy-Seiez,   861, 862, 863, 864.
Charrière Joseph, Boëge,   748.
Charrière Pierre, Boëge,   737, 738, 739, 740.
Châtel Louise, Cervens,   1168.
Châtelet François, Jouvernex,   846, 845.
Châtelet Marie, Douvaine,   883.
Châtelain Alexandre, Vailly,   992, 993.
Châtelain François, Vailly,   982.
Châtelain Jean, Vailly,   988, 989.
Chaudron Joseph, Lullin,   1251.
Chaudron Vital, Lullin,   1537, 1538.
Chauplanaz Jean, Morzine,   560.
Chédal Jean-Louis, Lullin,   1236, 1237, 1238.
Chédal Joseph, Lullin,   1527.
Chédal Célestin, Lullin,   128, 1258, 1257.
Chévallay André, Bernex,   2060, 2061.
Chevallay Antoine, Bernex,   2028, 2027.
Chevallay Antoine Ducrot, Bernex,   2025, 2024, 2023.
Chevallay Antoine-Gaspard, Bernex,   2026, 2027.
Chevallay Aubin, Bernex,   2035, 2036.
Chevallay Conseiller, Vailly,   973, 974, 975, 976, 977.
Chevallay Cyprien, Bernex,   2038.
Chevallay Jacques, Bernex,   2093.
Chevallay Joseph, Vernaz-Bernex,   2087, 2088, 2054, 2055, 2056.
Chevallay Joséphine, Vongy,   15, 76.
Chevallay Joseph, Vailly,   979, 978.
Chevallay Madeleine, Bernex,   2033, 2077.
Chevallay Maurice, Bernex,   2043, 2044.

Chevallay Michel, Bernex, 2085, 2086.
Chevallay Théodule, Bernex, 2005.
Clerc Louis, Thollon, 1130, 1131, 1132, 1133.
Clerc Marie feu Pierre, Thollon, 1081, 1227.
Cochevet Basile, Biot, 528.
Coffy Vve, Biot, 506, 507.
Colloud Claude, Reyvroz, 968.
Colloud François, Draillant, 53.
Colloud François, Reyvroz, 958.
Colloud François, Mâcheron, 1060.
Colloud Joseph feu François, Reyvroz, 960, 961, 966.
Colloud Joseph feu Louis, Reyvroz, 949.
Command Alphonse, La Chapelle, 382, 383, 384, 385.
Command Ambroise, La Chapelle, 391.
Command-David Suvaire, La Chapelle, 1342.
Command François feu Antoine, La Chapelle, 363, 364.
Command François feu François, La Chapelle, 452.
Command Vve, La Chapelle, 1365.
Command Victor, La Chapelle, 13, 52, 73, 74, 402, 403, 404, 405,
        406, 407, 408, 409, 410, 411, 412, 413,
        414, 415, 1507, 634, 1504, 1505, 1508,
        1509, 1506.
Condevaux Eugène, Boëge, 750, 751, 753, 754.
Condevaux feu Georges, Perrignier, 9.
Condevaux Jean-Marie, Vacheresse, 295, 296, 297, 298, 299.
Constantin Jean, Perrignier, 1191, 1192.
Converset Joseph, Bellevaux, 1024.
Costa Claude, Villard, 711, 712, 713.
Cottet Henri, Evian-les-Bains, 10, 11, 12, 65, 66, 67, 68, 69, 70,
        71, 72.
Cottet Juge, Evian-les-Bains, 169.
Cottet Maurice, Biot, 500, 501, 502.

Dupraz François feu Jean, Lullin, 1233.
Dupraz Jean, Lullin, 1253, 1254, 1255, 1525.
Dupraz Jean-Baptiste, Lullin, 1531.
Dupraz Jean-Marie, Lullin, 1516, 1545.
Dupraz Marie, Lullin, 1226.
Dupraux Gaspard, Bernex, 2051, 2052.
Durand Antoine, Lausenettaz, 33, 34, 839, 840, 841.
Durand Pierre feu Clément, Vacheresse, 95.
Duret Claude, Habère-Lullin, 682.
Duret Edouard, Habère-Poche, 673.
Duret Jean, Habère-Lullin, 678.
Duret Jules, Habère-Lullin, 683.
Duret Michel, Habère-Lullin, 1344.
Dutruel Aimé, Bernex, 2029, 2030.
Dutruel Joseph, Bernex, 2045.
Dutruel Maurice, Bernex, 2053.
Echarnier Ambroise, Publier, 24, 25, 81, 1284, 1286.
Echarnier Eugène, Féternes, 607.
Favrat Célestin, Bellevaux, 1020.
Favre Augustin, Vailly, 1008, 1009, 1010.
Favre Augustin, Vacheresse, 231, 232, 233.
Favre-Collet François, Vacheresse, 241.
Favre François, Perrignier, 1052.
Favre François, Vailly, 981, 996.
Favre Jacques, Draillant, 1042.
Favre Jean-Louis, Bogève, 757.
Favre Joseph, Maugny, 1011.
Favre Jules, Massongy, 92.
Favre Julien, La Chapelle, 424, 425, 426, 427, 428, 429, 430, 431,
432, 1500, 1501, 1502.
Favre Pierre, Vacheresse, 1319.
Félizas Adrien, Villard, 687, 696.

Félizas Joseph, Villard, 697.
Fichard François feu Claude, Chens, 878, 879.
Fichard Joseph, Douvaine, 6.
Fichard Joseph Vve, Chens, 880.
Fillion Claude, Thonon-les-Bains, 127.
Fleury Joseph, Saint-Paul, 188, 189, 190.
Fontaine Etienne, Bogève, 781, 782.
Forel Clément, Bogève, 791.
Forel François, Bogève, 788, 789, 790.
Folliet André, Abondance, 329, 330, 331, 332, 333, 334, 335, 336, 337.
Folliet François, Abondance, 1302, 1303, 1304.
Folliet Gaspard, Abondance, 323.
Francoz Etienne, Vacheresse, 293.
Francoz François feu François, Vacheresse, 239, 240.
Francoz Simon, Vacheresse, 292, 294.
Frézier Frédéric, Bons, 1018.
Frossard Alexandre, Lullin, 1540, 1541.
Frossard Cyrille, Lullin, 677.
Frossard François-Léon, Sciez, 876.
Frossard François-Xavier, Vailly, 986, 987.
Frossard Joseph, Lullin, 1227, 1228, 1229, 1548.
Frossard Julien, Lullin, 1239, 1240.
Frossard Lucien, Lullin, 1215.
Frossard Mélanie, Lullin, 1214.
Gagneux André, Abondance, 1305, 1370.
Gagneux André feu François, Abondance, 1337.
Gagneux Etienne, Abondance, 1317.
Gagneux Joseph, sous le Pas-Abondance, 1312, 1343.
Gagneux Michel, Abondance, 1359.
Gaillet Bernard, Thollon, 1089, 1093, 1094, 1095, 1096, 1097, 1134, 1135, 1136.

Millet Marchand Maurice, Châtel, 1413.
Moille François, La Chapelle, 1452.
Molliand Marie, Vacheresse, 485.
Molliet Edouard, Villard-sur-Boëge, 32, 101, 102, 726, 727, 728, 729, 1391.
Molliet Joseph, Villard-sur-Boëge, 755, 756.
Monard Eugène, Biot, 499.
Monnet Gabriel, Domaine de Morillon, Thonon-les-Bains, 40, 41, 42, 104, 105, 106, 107, 108, 109, 110, 111, 112, 113, 114, 115, 116, 117, 140, 616, 617, 618, 619, 620, 621, 623, 624, 625, 626, 627, 628, 630, 1400.
Morand Veuve, Vacherese, 263, 264, 56.
Morand Célestin, Biot, 511.
Morand François, Biot, 521, 531.
Morel-Chevillet Pierre, Vailly, 1003.
Morel-Chevillet François-Joseph, Vailly, 1013.
Morel François-Marin, 1283.
Morel François, Habère-Poche, 1292, 1293, 1296.
Morel Joseph feu Claudius, Vailly, 1005, 1007.
Morel Lucien, Chevenoz, 213.
Morel-Vulliez Célestin, Bons, 1011.
Morel-Vulliez François, Vailly, 998, 999.
Morel-Vulliez Louis, Bons, 1016, 1017.
Morin Damase, Anthy, 832, 833, 834.
Morin Emile, Margencel, 838.
Mortier Jean-Claude, Vacheresse, 100.
Mottet Claude, Féternes, 608.
Mottiez Jean-Marie, Vacheresse, 1379, 1380.
Mouchet Alphonse, Villard, 723, 724, 725.
Mouthon Claude, Publier, 609.
Mouthon François, Bernex, 2048.

Périllat Fréderic, Bogève, 784, 785, 786, 787.
Perrier Paul, Biot, 526, 527.
Perrier René, Biot, 536.
Perrin Vve, Reyvroz, 972.
Perroud Pierre, Margencel, 835.
Petit-Jean André, Vacheresse, 306.
Petit-Jean François, Vacheresse, 235, 236, 287.
Petit-Jean Joseph, Vacheresse, 286.
Petit-Jean Paul, Vacheresse, 288.
Piccon Marie, Lullin, 1268.
Piccot Adrien, Lullin, 1261, 1262, 1263.
Piccot Alexandre, Lullin, 1241.
Piccot Anselme, Lullin, 1200, 1201, 1202, 1203, 1204, 1205, 1262
Piccot Ephise, Lullin, 1231, 1232.
Piccot François, Lullin, 1553, 1554, 1555, 1556, 1557.
Piccot Jean-Pierre, Lullin, 1324, 1225.
Piccot Joseph feu François, Col de Lullin, 1392.
Piccot Joseph frères, Lullin, 1248, 1249, 1250, 1543, 1544.
Piccot Julien, Lullin, 1269, 1270, 1539.
Piccot Marie, Lullin, 1212, 1213.
Piccot Marie-Célestin, Lullin, 1271, 1272, 1273.
Piccot Paul, Lullin, 1216, 1217, 1218.
Piccot Tita, Lullin, 353.
Piccut Jean, Massongy, 1294.
Pinaud François, Draillant, 1040.
Pinaud Jules, Perrignier, 1172, 1173, 1174, 1175.
Pinget Charles, Bogève, 804.
Pinget Edouard, Villard, 702.
Pinget Eugène, Boëge, 747.
Pinget François feu Alphonse, Bogève, 792, 824.
Pinget François, Boëge, 545.
Pinget Jean, Bernex, 2076.

Pinget Joseph feu François, Bernex, 2020, 2021.
Pinget Joseph, Bogève, 17, 77, 78, 800, 823.
Pinget Léon, Allinges, 1285.
Pinget Pierre, Bogève, 791.
Pinget Rocques, Bogève, 827, 828.
Piton Jacques, Amphion, 604.
Pollient François, Chevenoz, 209, 210, 216.
Plumet Pierre, Biot, 517.
Pommel François, Cervens, 2.
Pontet François, Perrignier, 1185, 1186.
Pontet Vve, Perrignier, 1190.
Portier Alexis, Noyer, 1389.
Portier Clément, Noyer, 1385.
Portier Louis, Mesinges, 1384.
Premat François, Biot, 514, 515, 522.
Premat Henri, Biot, 537, 538, 539.
Premat Jules, Biot, 519.
Premat Xavier, Biot, 524, 1388.
Prevond Henri, Lully, 137.
Prevond Marie, Lully, 1061, 1062.
Renevier François, Biot, 510.
Requet André, Sciez, 867, 868, 874.
Requet-Blanc François Vve, Abondance, 1322.
Requet Jean, Biot, 504, 505.
Requet Jean-Baptiste, Biot, 498.
Rey Alfred, Bellevaux, 1019.
Rey Joseph, Bellevaux, 14.
Rey Paul, au Mont-Abondance, 1315.
Rey Renaud, Bellevaux, 1021, 1022, 1032.
Reymond François, Publier, 615.
Richard Antoine, Morzine, 581.
Richard Emile, Morzine, 564, 565.

Vuarand François, Châtel, 1424.
Vuarand Maurice, Châtel, 1449.
Vuattoux Antoine, Margencel, 1279.
Vuattoux Charles, Lullin, 1274.
Vuattoux Claude, Lullin, 354, 362, 1223.
Vuattoux François, Draillant, 1050, 1055.
Vuattoux Horin François, Lullin, 1198 bis, 1199 bis.
Vuattoux Jérémie, Lullin, 1519, 1520, 1521, 1522, 1523.
Vuattoux Joseph-Julien, Lullin, 1524.
Vuattoux Joseph-Marie, Lullin, 1259, 1260.
Vuattoux Julien, Lullin, 1550, 1551, 1552.
Vuillet Joachim, La Baume, 610.
Vuilloud Alphonse, Châtel, 1333.
Vuilloud Athanase, La Chapelle, 1334.
Vuilloud César, La Chapelle, 1482, 1483.
Vuilloud Charles, La Chapelle, 390.
Vuilloud Maurice, La Chapelle, 395, 396.
Vulliez Augustin, Reyvroz, 970.
Vulliez Basile, Biot, 495, 496.
Vulliez Camille, La Baume, 28.
Vulliez Célestin, Reyvroz, 951, 952.
Vulliez Claude, Reyvroz, 938, 939, 940, 941, 957.
Vulliez François, Reyvroz, 937, 950, 959, 965, 971.
Vulliez Jean-Pierre, Loisin, 909, 910, 911, 912, 913.
Vulliez Joseph, Biot, 503.
Vulliez Maire, La Baume, 582, 583, 584, 585, 586, 587, 588, 589.

LISTE

DES NOUVEAUX PROPRIÉTAIRES D'ANIMAUX

indiqués dans les mutations de la 1re partie du
présent volume

Bartholoni Anatole, au Château de Coudrée-Sciez.
Baud Joseph, Thonon-les-Bains.
Beemish G., Rives-Thonon-les-Bains.
Buchet François, Orcier.
Burtin Eugène, Taninges.
Burtin Joseph-Claude, Taninges.
Burtin Louis, Taninges.
Chavannes, Mieussy.
Cottet Juge, Évian-les-Bains.
Déconche-Verboux Louise Vve, Perrignier.
Delerce Félix, St-Jean-d'Aulph.
Détraz Joseph, Filly.
Duborgel Maire, Messery.
Dumont Célestin Vve, Vacheresse.
Geidet Anselme, Biot.
Gonet C., au Château de Bienassis Crémieux.
Héritier, aux Jets.
Jordan Maire, Fessy.
Labédoyère (Cte de), Jouvernex.
Marcoz, Thonon-les-Bains.
Pachon, Morzine.
Pernolet, aux Jets.
Premat Xavier, Biot.
Reding, La Selle, St-Cloud.
Richard Jean, Marin.
Richard, au Pré-Cergues, Thonon-les-Bains.
Rochet Michel, Abondance.
Rossier Joseph, Douvaine.
Roulard François, Massongy.
Vernaz André-Joseph, Thonon-les-Bains.

Vernaz Julien, Thonon-les-Bains.
Viollet François, Draillant.
Vulliez Joseph, La Baume.

TROISIÈME PARTIE

HERD-BOOK

DE LA

RACE BOVINE D'ABONDANCE

HERD-BOOK

DE LA

RACE BOVINE D'ABONDANCE

I. — Animaux inscrits au titre d'origine.

1° MALES

14 (1) — Agile

Signalement, Robe rouge pie.
Age (2),   4 ans.
Propriétaire, Rey Joseph, Bellevaux.

49 — Amoureux

Sign.,   Robe pie rouge.
Age,   3 ans 6 mois.
Prop., Dépierre Alphonse, Mâcheron.

1331 — Amoureux

Sign.,   Robe rouge pie, 2 lunettes.
Age,   3 ans 3 mois.
Prop., Maxit Antoine, La Chapelle.

(1) Le numéro qui précède le nom de chaque animal est celui qui correspond au registre matricule du Herd-Book.

(2) L'âge indiqué est celui qu'avaient les animaux au 1ᵉʳ Juillet 1897.

1472 — Amoureux

Sign., robe rouge pie, lunettes, sangle blanche, accentuée à gauche.
Age, 20 mois.
Prop., Vve Brélaz née Folliet, La Chapelle.

773 — Aramis

Sign., Robe rouge pie, lunettes.
Age, 3 ans.
Prop., Baud-Grasset François, Bogève.

7 — Ardent

Sign., Robe pie rouge, étoile
Age, 23 mois.
Prop., Pariat François, Publier.

1326 — Ardent

Sign., Robe rouge pie, tête rouge.
Age, 27 mois.
Prop., Tagand François, Vacheresse.

971 — Athos

Sign., Robe rouge pie, lunettes.
Age, 28 mois.
Prop., Vulliez François, Reyvroz.

21 — Atlas

Sign., Robe pie rouge.
Age, 2 ans.
Prop. Bartholoni Anatole, Chateau de Coudrée, Sciez.

41 — Baron

Sign., Robe pie rouge.
Age, 2 ans 7 mois.
Prop., Monnet Gabriel, Domaine de Morillon, Thonon-les-Bains.

1056 — Baron

Sign., Robe rouge pie, grande liste.
Age, 2 ans 10 mois.
Prop., Jordan Maurice, Draillant.

28 — Bellot

Sign., Robe rouge pie.
Age, 2 ans 9 mois.
Prop., Vulliez Camille, La Baume.

2065 — Bernex

Sign., Robe pie rouge, lunettes.
Age, 29 mois.
Prop., Buttay André Marchand, Bernex.

621 — Bijou

Sign., Robe rouge pie, lunettes.
Age, 22 mois.
Prop., Monnet Gabriel, Domaine de Morillon, Thonon-les-Bains.

667 — Bijou

Sign., Robe pie rouge, lunettes.
Age, 26 mois.
Prop., Genoud Eugène, Habère-Poche.

445 — Bismarck

Sign., Robe rouge pie, liste.
Age, 29 mois.
Prop., Grillet-Mugnier François, La Chapelle.

688 — Bismarck

Sign., Robe pie rouge, liste.
Age, 3 ans.
Prop., Genoud Eugène, Habère-Poche.

45 — Blocus

Sign., Robe pie rouge.
Age, 2 ans 8 mois.
Prop., Dépierre Alphonse, Mâcheron

35 — Bobo

Sign., Robe pie rouge.
Age, 3 ans 6 mois.
Prop., Jordan Elie, Collonges.

184 — Bochard

Sign., Robe pie rouge.
Age, 2 ans 6 mois.
Prop., Ducret Jacques, Maxilly.

625 — Boléro

Sign., Robe rouge pie, lunettes.
Age, 28 mois.
Prop., Monnet Gabriel, Domaine de Morillon, Thonon-les-Bains.

44 — Briquet

Sign., Robe pie rouge.
Age, 4 ans.
Prop., Dépierre Alphonse, Mâcheron.

578 — Calouin

Sign., Robe rouge pie, étoile.
Age, 29 mois.
Prop., Baud Claude-François, Morzine.

40 — Caprice

Sign., Robe rouge pie, lunettes.
Age, 2 ans 9 mois.
Prop., Monnet Gabriel, Domaine de Morillon, Thonon-les-Bains.

402 — Caprice

Sign., Robe rouge pie, principes de lunettes.
Age, 29 mois.
Prop., Command Victor, La Chapelle.

1296 — Capricieux

Sign., Robe pie rouge, dos et tête blancs.
Age, 21 mois.
Prop., Morel François, Habère-Poche.

607 — Cerbère

Sign., Robe rouge pie, lunettes.
Age, 3 ans.
Prop., Echarnier Eugène, Féternes.

542 — Charlot

Sign., Robe rouge pie, lunettes.
Age, 30 mois.
Prop., Baud François feu Philibert, Morzine.

15 — Chatagnat

Sign., Robe pie rouge.
Age, 22 mois.
Prop., Chevallay Joséphine, Vongy.

635 — Chablais

Sign., Robe rouge pie, lunettes.
Age, 17 mois.
Prop., Carraud Basile, Séchy-Allinges.

1332 — Coquin

Sign., Robe rouge pie, étoile en tête.
Age, 3 ans.
Prop., David Maurice-Félix, La Chapelle.

312 — Coupet

Sign., Robe rouge pie, étoile.
Age, 3 ans 3 mois.
Prop., Depotex Ignace, Abondance.

37 — Dahlia

Sign., Robe pie rouge.
Age, 2 ans 6 mois.
Prop., Jordan Elie, Collonges.

639 — Dartagnan

Sign., Robe rouge pie, tête blanche.
Age, 21 mois.
Prop., Bartholoni Anatole, Chateau de Coudrée, Sciez.

626 — Duc

Sign., Robe rouge pie, lunettes.
Age, 1 an.
Prop,, Monnet Gabriel, Domaine de Morillon, Thonon-les-Bains.

27 — Éclair

Sign., Robe pie rouge
Age, 21 mois.
Prop., Mercier André, Chevenoz.

29 — Énervé

Sign., Robe rouge pie.
Age, 3 ans 3 mois.
Prop., Bossus Jean-Marie, à Pessinges-Gervens.

1327 — Éprouvé

Sign., Robe rouge pie, étoile et liste en tête.
Age, 20 mois.
Prop., Aymond Hyacinthe, à Abondance.

24 — Fleuri

Sign., Robe rouge pie.
Age, 3 ans.
Prop., Echarnier Ambroise, Publier.

2094 — Fontainien

Sign.,   Robe rouge pie, lunette à gauche.
Age,   2 ans 6 mois.
Prop., Buttay Joseph, Bernex.

8 — Fortunat

Sign.,   Robe pie rouge, lunettes.
Age,   3 ans.
Prop., Bondaz Pierre, Armoy.

1389 — Foudroyant

Sign.,   Robe rouge pie, étoile.
Age,   3 ans 2 mois.
Prop., Portier Alexis, Noyer.

1392 — Fripon

Sign.,   Robe rouge pie, plaquée, lunettes.
Age,   20 mois.
Prop., Piccot Joseph feu François, Col de Lullin.

657 — Gabiau

Sign.,   Robe rouge pie, 1|2 belle face.
Age,   2 ans 6 mois.
Prop., Bartholoni Anatole, Château de Coudrée, Sciez.

941 — Gaillard

Sign.,   Robe rouge pie, lunettes.
Age,   29 mois.
Prop., Vulliez Claude, Reyvroz.

1328 — Gaillard

Sign.,   Robe rouge pie, étoile en tête.
Age,   2 ans 8 mois.
Prop.,   Benand Jean, Abondance.

171 — Gaillard

Sign.,   Robe pie rouge.
Age,   3 ans 11 mois.
Prop.,   Graudjux Marie, Evian-les-Bains.

36 — Goulu-Valant

Sign.,   Robe gouge pie, lunettes.
Age,   3 ans 11 mois.
Prop.,   Jordan Elie, Collonges.

20 — Grillet

Sign.,   Robe pie rouge.
Age,   4 ans 5 mois.
Prop.,   Baud-Grasset Hippolyte, Bogève.

53 — Grivat

Sign.,   Robe rouge pie.
Age,   5 ans 6 mois.
Prop.,   Colloud François, Draillant.

5 — Horloger

Sign.,   Robe rouge pie, étoile.
Age,   2 ans 11 mois.
Prop.,   Bouvet Nazaire, La Vernaz.

1330 — Indomptable

Sign., Robe rouge pie, tête blanche.
Age, 27 mois.
Prop., Blanc François, Abondance.

153 — Jaillet

Sign., Robe pie rouge.
Age, 3 ans 11 mois,
Prop., Bartholoni Anatole, Château de Coudrée, Sciez.

207 — Jaillet

Sign., Robe rouge pie, lunettes.
Age, 27 mois.
Prop., Sache Julien, Chevenoz.

943 — Jaillet

Sign., Robe rouge pie, demi lunette à gauche.
Age, 3 ans 2 mois.
Prop., Meynet Hippolyte, Reyvroz.

961 — Jaillet

Sign., Robe rouge pie, demi belle face.
Age, 4 ans 6 mois.
Prop., Colloud Joseph, Reyvroz.

1397 — Jaillet

Sign., Robe pie rouge, naissance de lunettes.
Age, 14 mois.
Prop., Carraud Basile, Séchy-Allinges.

1128 — Janvier

Sign., Robe rouge pie, liste.
Age, 2 ans 6 mois.
Prop., Blanc Jean-Louis, Thollon.

1198 bis — Joli

Sign., Robe rouge pie, étoile en tête.
Age, 2 ans.
Prop., Vuattoux Horin-François, Lullin.

1297 — Joli

Sign., Robe pie rouge.
Age, 18 mois.
Prop., Berthoud Joseph, Abondance.

1 — Jupiter

Sign., Robe pie rouge, lunette à droite.
Age, 3 ans 9 mois.
Prop., Besançon Louis, Marin.

23 — Lion

Sign., Robe rouge pie.
Age, 4 ans 5 mois.
Prop., Bartholoni Anatole, Château de Coudrée, Sciez.

302 — Lion

Sign., Robe rouge pie, liste.
Age, 2 ans 7 mois.
Prop., Vve Peillex, Abondance.

488 — Lion

Sign.,   Robe rouge pie, étoile.
Age,   2 ans 7 mois.
Prop.,   Bochet Jean, Vacheresse.

515 — Lion

Sign.,   Robe rouge pie, lunettes.
Age,   2 ans 7 mois.
Prop.,   Premat François, Biot.

970 — Lion

Sign.,   Robe rouge pie, lunettes.
Age,   2 ans 7 mois.
Prop.,   Vulliez Augustin, Reyvroz.

644 — Lion

Sign.,   Robe rouge pie, tête blanche, lunettes.
Age,   19 mois.
Prop.,   Crépy François, Châtel.

1313 — Lion

Sign.,   Robe rouge pie, lunettes.
Age,   15 mois.
Prop.,   Blanc François, au Mont Abondance.

1329 — Lion

Sign.,   Robe rouge pie, tête blanche et lunettes.
Age,   27 mois.
Prop.,   Tochet François, Châtel.

1000 — Lion

Sign.,   Robe rouge pie, étoile.
Age,   27 mois.
Prop.,   Colloud François, Mâcheron.

34 — Lombard

Sign.,   Robe rouge pie.
Age,   2 ans 11 mois.
Prop.,   Durand Antoine, Lauzenettaz.

1112 — Lucifer

Sign.,   Robe rouge pie, lunette à gauche.
Age,   2 ans 6 mois.
Prop.,   Vesin François Bagnier, Thollon.

47 — Magloire

Sign.   Robe pie rouge.
Age,   29 mois.
Prop.,   Dépierre Alphonse, Mâcheron.

16 — Manant

Sign.,   Robe rouge pie.
Age,   3 ans 1 mois.
Prop.,   Berthet Joseph feu Claude, Abondance.

2 — Marco

Sign.,   Robe pie rouge étoile
Age,   2 ans 7 mois.
Prop.   Pommel François, Pessinges-Cervens.

656 — Marcel

Sign., Robe rouge pie, étoile.
Age, 29 mois.
Prop., Bartholoni Anatole, Château de Coudrée, Sciez.

33 — Marquis

Sign., Robe pie rouge.
Age, 3 ans 5 mois.
Prop., Durand Antoine, Lauzenettaz.

42 — Marquis

Sign., Robe pie rouge.
Age, 29 mois.
Prop., Monnet Gabriel, Domaine de Morillon, Thonon-les-Bains.

216 — Marquis

Sign., Robe rouge pie, face blanche, lunettes.
Age, 29 mois.
Prop., Polient François, Chevenoz.

862 — Marquis

Sign., Robe rouge pie.
Age, 2 ans 6 mois.
Prop., Charmot René, Jussy-Sciez

1052 — Marquis

Sign., Robe pie rouge, grande liste.
Age, 28 mois.
Prop., Favre François, Perrignier.

2095 — Marquis

Sign., Robe rouge pie, grande liste.
Age,   3 ans 3 mois.
Prop., Grenat Joseph-Petit-André, Vacheresse.

1194 — Mars

Sign., Robe rouge pie, lunettes.
Age,   2 ans 8 mois.
Prop., Moynat François, Perrignier.

1090 — Mars

Sign., Robe rouge pie, lunettes.
Age,   3 ans 6 mois.
Prop., Vesin Félix, Thollon.

1079 — Mars

Sign., Robe pie rouge.
Age,   22 mois.
Prop., Bartholoni Anatole, Château de Coudrée, Sciez.

18 — Mars

Sign., Robe pie rouge.
Age,   3 ans 3 mois.
Prop., Joly Louis, Lullin.

2011 — Moulin

Sign., Robe rouge pie, liste déviée à gauche.
Age,   28 mois.
Prop., Jacquier Joseph dit Buttay, Bernex.

175 — Mouthet

Sign., Robe pie rouge.
Age, 29 mois.
Prop., Soudan François, Lugrin.

863 — Mouthet

Sign., Robe rouge pie.
Age, 2 ans 6 mois.
Prop., Charmot René, Jussy-Sciez.

874 — Mouthet

Sign., Robe rouge pie, lunettes.
Age, 2 ans 7 mois.
Prop., Requet André, Sciez.

895 — Mouthet

Sign., Robe rouge pie, étoile.
Age, 2 ans 11 mois.
Prop., Genoud François, Douvaine.

1049 — Mouthet

Sign., Robe rouge pie, lunettes.
Age, 2 ans 11 mois.
Prop., Bossus Jean-Marie, Pesinges-Cervens.

3 — Neptune

Sign., robe rouge pie, demi belle face.
Age, 3 ans.
Prop., Maxit François, La Chapelle.

649 — Néron

Sign.,   Robe rouge pie, lunettes.
Age,   3 ans 3 mois.
Prop.,   Bartholoni Anatole, Château de Coudrée, Sciez.

660 — Ovide

Sign.,   Robe pie rouge, étoile.
Age,   2 ans.
Prop.,   Bartholoni Anatole, Château de Coudrée, Sciez.

1461 — Pacha

Sign.,   Robe rouge pie, lunettes, moustaches, sangle interrompue
         à droite.
Age,   18 mois.
Prop.,   Tochet François, Châtel.

19 — Papillon

Sign.,   Robe rouge pie.
Age,   3 ans 9 mois.
Prop.,   Bullat Alfred, Excenevex.

1195 — Paris

Sign.,   Robe rouge pie, lunettes.
Age,   28 mois.
Prop.,   Bireaux Charles, Bernex.

868 — Patouion

Sign.,   Robe rouge pie, lunettes.
Age,   23 mois.
Prop.,   Requet André, Sciez.

9 — Pipo

Sign., Robe rouge pie, demi belle face.
Age, 2 ans 7 mois.
Prop., Condevaux feu Georges, Perrignier.

4 — Pluton

Sign., Robe rouge pie, lunettes.
Age, 3 ans 3 mois.
Prop., Maxit François, La Chapelle.

1111 — Pluton

Sign., Robe pie rouge, étoile.
Age, 2 ans 7 mois.
Prop., Vesin François Bagnier, Thollon.

1512 — Pluton

Sign., Robe pie rouge, lunettes.
Age, 14 mois.
Prop., Veuve David-Vanne Alexandre, La Chapelle.

11 — Polux

Sign., Robe rouge pie, lunettes.
Age, 3 ans 9 mois.
Prop., Cottet Henri, Evian-les-Bains.

12 — Pompon

Sign., Robe rouge pie, lunettes.
Age, 2 ans 9 mois.
Prop., Cottet Henri, Evian-les-Bains.

633 — Pompon

Sign., Robe rouge pie, lunettes.
Age,   22 mois.
Prop., Carraud Basile, Séchy-Allinges.

32 — Porthos

Sign., Robe rouge pie.
Age,   2 ans 7 mois.
Prop., Molliet Edouard, Villard-sur-Boëge.

1391 — Porthos II

Sign., Robe rouge pie.
Age,   15 mois.
Prop., Molliet Edouard, Villard-sur-Boëge.

17 — Rigolot

Sign., Robe rouge pie.
Age,   27 mois.
Prop., Pinget Joseph, Bogève.

735 — Ristal

Sign., Robe rouge pie, étoile.
Age,   26 mois.
Prop., Dumont Gaëtan, Boëge.

13 — Roc

Sign., Robe rouge pie, lunettes.
Age,   2 ans 11 mois.
Prop., Command Victor, La Chapelle.

43 — Rocher

Sign., Robe rouge pie.
Age, 25 mois.
Prop., Dépierre Alphonse, Mâcheron.

641 — Roméo

Sign., Robe pie rouge, lunettes.
Age, 2 ans.
Prop., Bartholoni Anatole, Château de Coudrée, Sciez.

1310 — Roquet

Sign., Robe rouge, blanc en tête.
Age, 19 mois.
Prop., Benand Jean, Abondance.

585 — Samedi

Sign., Robe pie rouge, liste.
Age, 3 ans 2 mois.
Prop., Vulliez, Maire, La Baume.

2035 — Sapin

Sign., Robe rouge pie neigé, lunettes en principe.
Age, 3 ans 3 mois.
Prop., Chevallay Aubin, Bernex.

2075 — Savoyard

Sign., Robe rouge pie, lunettes.
Age, 2 ans 11 mois.
Propr., Bireaux Auguste, Bernex.

30 — Soucieux

Sign., Robe pie rouge.
Age, 2 ans 7 mois.
Prop. Bochaton François, Chignan.

295 — Sultan

Sign., Robe rouge pie, lunettes.
Age, 2 ans 8 mois.
Prop., Condevaux Jean-Marie, Vacheresse.

308 — Sultan

Sign., Robe rouge pie, étoile.
Age, 2 ans 8 mois.
Prop., Benand Jean-Marie, Abondance.

460 — Sultan

Sign., Robe pie rouge, demi belle face.
Age, 2 ans 8 mois.
Prop., Maxit François, La Chapelle.

620 — Sultan

Sign., Robe rouge pie, une grosse lunette à gauche.
Age, 21 mois 10 jours.
Prop., Monnet Gabriel, Domaine de Morillon, Thonon-les-Bains.

1309 — Sultan

Sign., Robe pie rouge.
Age, 19 mois.
Prop., Buffet Pierre, Abondance.

185 — Tareau

Sign., Robe rouge pie. lunettes.
Age, 3 ans 3 mois.
Prop., Ducret Jean, Neuvecelle.

329 — Tareau

Sign., Robe rouge pie, une lunette.
Age, 1 an.
Prop., Folliet André, Abondance.

39 — Titan

Sign., Robe rouge pie.
Age, 3 ans 3 mois.
Prop., Blanc Jean-Louis, Thollon.

6 — Toto

Sign., Robe rouge pie, tête blanche.
Age, 2 ans 11 mois.
Prop., Fichard-Joseph, Douvaine.

48 — Tourlourou

Sign., Robe pie rouge.
Age, 23 mois.
Prop., Dépierre Alphonse, Mâcheron.

31 — Uranus

Sign., Robe pie rouge.
Age, 2 ans 7 mois.
Prop., Bochaton François, Chignan.

972 — Vaillant

Sign., Robe pie rouge, lunettes.
Age, 3 ans.
Prop., Veuve Perrin, Reyvroz.

518 — Vainqueur

Sign., Robe rouge pie, lunettes.
Age, 4 ans 7 mois.
Prop., Mudry Jacques, Le Biot.

975 — Vainqueur

Sign., Robe rouge pie, étoile en tête.
Age, 3 ans 1 mois.
Prop., Chevallay Jacques, Vailly.

46 — Vallon

Sign., Robe rouge pie.
Age, 2 ans 7 mois.
Prop., Dépierre Alphonse, Macheron.

25 — Volcan

Sign., Robe pie rouge.
Age, 27 mois.
Prop., Echarnier Ambroise, Publier.

38 — Vulcain

Sign., Robe pie rouge.
Age, 3 ans.
Prop., Blanc Jean-Louis, Thollon.

10 — Youyou

Sign.,   Robe rouge pie, front blanc.
Age,   3 ans 9 mois.
Prop.,   Cotttet Henri, Evian-les-Bains.

22 — Zoulou

Sign.,   Robe pie rouge.
Age,   2 ans.
Prop.,   Bartholoni Anatole, Château de Coudrée, Sciez.

2° FEMELLES

---

559 — Abondance

Sign.,   Robe rouge pie, lunettes.
Age,   2 ans 7 mois.
Prop.,   Sage Péronne, Morzine.

697 — Abondance

Sign.,   Robe rouge pie, lunettes.
Age,   3 ans 3 mois.
Prop.,   Félisaz Joseph, Villard.

736 — Abondance

Sign.,   Robe rouge pie, lunettes.
Age,   2 ans.
Prop.,   Dumont Gaëtan, Boëge.

748 — Abondance

Sign., Robe rouge pie, front blanc.
Age, 4 ans 8 mois.
Prop., Charrière Joseph, Boëge.

933 — Abondance

Sign., Robe rouge, pie lunettes.
Age, 6 ans 8 mois.
Prop., Baud Marie, Bons.

1017 — Abondance

Sign., Robe rouge pie, tête blanche.
Age, 6 ans.
Prop., Morel-Vulliez Louis, Bons.

1028 — Abondance

Sign., Robe rouge pie, tête blanche.
Age, 7 ans.
Prop., Nière-Maréchal Louis, Bellevaux.

1232 — Abondance

Sign., Robe rouge pie, tête blanche.
Age, 4 ans 9 mois.
Prop., Piccot Ephèse, Lullin.

1200 — Abondance

Sign., Robe rouge pie, étoile en tête.
Age, 9 ans.
Prop., Piccot Anselme, Lullin.

1293 — Agréable

Sign., Robe pie rouge.
Age, 2 ans.
Prop., Morel François, Habère-Poche.

691 — Allemande

Sign., Robe pie rouge, grande liste.
Age, 8 ans.
Prop., Mouthon Jean, Villard.

709 — Allemande

Sign., Robe rouge pie, lunettes.
Age, 5 ans 6 mois.
Prop., Mouthon François-Marie, Villard.

882 — Alphonsine

Sign., Robe rouge pie, étoile.
Age, 2 ans 6 mois.
Prop., Rossiaud, Douvaine.

163 — Amélie

Sign., Robe rouge pie.
Age, 5 ans 6 mois.
Prop., Bartholoni Anatole, Château de Coudrée, Sciez.

1285 — Amazone

Sign., Robe pie rouge, tête blanche.
Age, 5 ans 8 mois.
Prop., Pinget Léon, Allinges.

1283 — Amoureuse

Sign., Robe pie rouge, tête blanche.
Age, 4 ans 9 mois.
Prop., Morel François, Marin.

806 — Armone

Sign., Robe rouge pie, étoile.
Age, 27 mois.
Prop., Bel Jules, Bogève.

94 — Autruche

Sign., Robe rouge pie.
Age, 6 ans 4 mois.
Prop., Magnin Joseph, Chignan.

1350 — Badinguette

Sign., Robe rouge pie, étoile.
Age, 8 ans 6 mois.
Prop., Aymond Hippolyte, Abondance.

201 — Bardot

Sign., Robe rouge pie, lunettes.
Age, 2 ans.
Prop., Bouvier Alexandre, Chevenoz.

204 — Bardot

Sign., Robe rouge pie, lunettes, cornée en bas.
Age, 5 ans 9 mois.
Prop., Lausenaz François, Chevenoz.

208 — Bardot

Sign., Robe rouge pie, étoile,
Age, 27 mois.
Prop., Sache Julien, Chevenoz.

219 — Bardot

Sign., Robe pie rouge, étoile.
Age, 3 ans 2 mois.
Prop., Mercier, Chevenoz.

250 — Bardot

Sign., Robe rouge pie, face blanche.
Age, 4 ans 8 mois.
Prop., Tagand Joseph, Vacheresse.

267 — Bardot

Sign., Robe rouge pie, lunettes.
Age, 3 ans 8 mois.
Prop., Tagand Pierre-Alexis, Vacheresse.

282 — Bardot

Sign., Robe rouge pie, lunettes.
Age, 3 ans 8 mois.
Prop., Mercier André, Chevenoz.

331 — Bardot

Sign., Robe pie rouge, face blanche.
Age, 6 ans 8 mois.
Prop., Folliet André feu Joseph, Abondance.

338 — Bardot

Sign., Robe pie rouge, liste.
Age, 4 ans 8 mois.
Prop., Cruz Maurice, La Chapelle.

355 — Bardot

Sign., Robe pie rouge, grande liste.
Age, 5 ans 8 mois.
Prop., Maxit Antoine, La Chapelle.

397 — Bardot

Sign., Robe rouge pie, lunettes.
Age, 2 ans 8 mois.
Prop., Desportes Maurice, La Chapelle.

429 — Bardot

Sign., Robe pie rouge, tête blanche.
Age, 8 ans 8 mois.
Prop., Favre Julien, La Chapelle.

466 — Bardot

Sign., Robe rouge pie, lunettes.
Age, 8 ans 9 mois.
Prop., Berthet Joseph-Miolène, Abondance.

486 — Bardot

Sign., Robe rouge pie, étoile.
Age, 7 ans 8 mois.
Prop., Bochet Jean, Vacheresse.

501 — Bardot

Sign., Robe pie rouge, demi belle face.
Age, 8 ans 9 mois.
Prop., Cottet Maurice, Biot.

509 — Bardot

Sign., Robe pie rouge, liste.
Age, 4 ans 7 mois.
Prop., Tournier Maurice, Biot.

510 — Bardot

Sign., Robe rouge pie, liste.
Age, 2 ans 10 mois.
Prop., Renevier François, Biot.

517 — Bardot

Sign., Robe rouge pie, liste.
Age, 3 ans 8 mois.
Prop., Plumet Pierre, Biot.

539 — Bardot

Sign., Robe rouge pie, lunette à droite.
Age, 4 ans 9 mois.
Prop., Premat Henri, Biot.

263 — Baril

Sign., Robe rouge pie, lunettes.
Age, 5 ans 2 mois.
Prop. Veuve Morand, Vacheresse.

86 — Baronne

Sign., Robe rouge pie, blanc en tête et aux jambes.
Age, 4 ans 2 mois.
Prop., Bartholoni Anatole, Château de Coudrée, Sciez.

586 — Baronne

Sign., Robe pie rouge, demi belle face.
Age, 28 mois.
Prop., Vulliez, Maire, La Baume.

618 — Baronne

Sign., Robe pie rouge, tête blanche.
Age, 2 ans.
Prop., Monnet Gabriel, Domaine de Morillon, Thonon-les-Bains.

706 — Baronne

Sign., Robe rouge pie, front blanc.
Age, 4 ans 7 mois.
Prop., Mouthon François-Marie, Villard.

1100 — Baronne

Sign., Robe rouge pie, grande liste.
Age, 2 ans 8 mois.
Prop., Jacquier Pierre, Thollon.

1122 — Baronne

Sign., Robe rouge pie, face blanche.
Age, 3 ans 7 mois.
Prop., Gaillet Jean-Marie, Thollon.

334 — Bataille

Sign., Robe pie rouge, lunette à gauche.
Age, 5 ans 7 mois.
Prop., Folliet André, Abondance.

631 — Bataillon

Sign., Robe pie rouge, étoile bridée.
Age, 11 ans.
Prop., Crépy Anne, Châtel.

438 — Bataillon

Sign., Robe rouge pie, tête blanche, lunettes.
Age, 3 ans 8 mois.
Prop., Cruz Jacques frères, La Chapelle.

875 — Belle

Sign., Robe rouge pie.
Age, 2 ans 6 mois.
Prop., Suchet Pierre, Sciez.

1275 — Belle

Sign., Robe pie rouge, liste en tête.
Age, 5 ans 9 mois.
Prop., Rosset François, Thonon-les-Bains.

203 — Belline

Sign., Robe rouge pie, lunettes.
Age, 6 ans 9 mois.
Prop., Lausenaz François, Chevenoz.

268 — Belline

Sign.,   Robe rouge pie, face blanche.
Age,   4 ans 8 mois.
Prop.,   Petit-Jean Joseph, Vacheresse.

483 — Belline

Sign.,   Robe pie rouge, une lunette.
Age,   4 ans 9 mois.
Prop.,   Tupin Nicolas, Vacheresse.

1121 — Belline

Sign.,   Robe pie rouge, lunette à gauche.
Age,   3 ans 8 mois.
Prop.,   Gaillet Jean-Marie, Thollon.

1337 — Belline

Sign.,   Robe rouge pie, lunettes.
Age,   27 mois.
Prop.,   Gagneux André feu François, Abondance.

276 — Bellone

Sign.,   Robe rouge pie, lunettes.
Age,   4 ans 8 mois.
Prop.,   Grenat Joseph feu Michel, Vacheresse.

383 — Bellone

Sign.,   Robe rouge pie, face blanche.
Age,   3 ans 8 mois.
Prop.,   Command Alphonse, La Chapelle.

1436 — Bellone

Sign., Robe rouge pie, lunettes.
Age,   7 ans 6 mois.
Prop., Vuarand Ambroise, Châtel.

1466 — Bellone

Sign., Robe pie rouge, oreilles rouges, taches rouges sur
        l'encolure à droite.
Age,   6 ans 2 mois.
Prop., David Maurice, Châtel.

1365 — Bérézina

Sign., Robe pie rouge, tête blanche, lunettes.
Age,   2 ans 9 mois.
Prop., Veuve Command, La Chapelle.

293 — Bergère

Sign., Robe rouge pie, lunettes.
Age,   4 ans 2 mois.
Prop., Francoz Etienne, Vacheresse.

946 — Bergère

Sign., Robe rouge pie, lunettes.
Age,   3 ans.
Prop., Bondaz Louis, Reyvroz.

121 — Biche

Sign., Robe rouge pie.
Age,   8 ans 2 mois.
Prop., Le Baron Blanc, Publier.

1394 — Biche

Sign., Robe rouge pie, étoile sur le front.
Age, 4 ans 6 mois.
Prop., Bartholoni Anatole, Château de Coudrée, Sciez.

1209 — Bijou

Sign., Robe rouge pie, petite étoile.
Age, 6 ans 10 mois.
Prop., Degenève Pierre, Tarbout-Lullin.

1069 — Bijou

Sign., Robe rouge pie, belle face.
Age, 20 mois.
Prop., Bartholoni Anatole, Château de Coudrée, Sciez.

2066 — Bijou

Sign., Robe rouge pie, lunettes.
Age, 3 ans 6 mois.
Prop., Trincaz Joseph, Bernex.

1457 — Bismarck

Sign., Robe rouge pie, étoile.
Age, 26 mois.
Prop., Marchand-Millet Jean, Châtel.

892 — Blaisine

Sign., Robe rouge pie, tête blanche, lunettes.
Age, 3 ans 10 mois.
Prop., Boulens François, Douvaine.

255 — Blanche

Sign.,   Robe pie rouge, lunettes.
Age,   3 ans 8 mois.
Prop.,   Bouvier Jean feu Louis, Vacheresse.

324 — Blanche

Sign.,   Robe rouge pie, liste irrégulière.
Age,   9 ans.
Prop.,   Crétin Joseph, Abondance.

580 — Blanche

Sign.,   Robe rouge pie, étoile.
Age,   29 mois.
Prop.,   Baud Pierre fils de François, Morzine.

330 — Blanchette

Sign.,   Robe pie rouge, face blanche.
Age,   5 ans, 8 mois.
Prop.,   Folliet André, Abondance.

394 — Blanchette

Sign.,   Robe pie rouge, lunettes.
Age,   3 ans 8 mois.
Prop.,   Voisin François, La Chapelle.

435 — Blanchette

Sign.,   Robe rouge pie, belle face.
Age,   29 mois.
Prop.,   Desportes Ignace, La Chapelle.

448 — Blanchette

Sign.,   Robe rouge pie, grande liste.
Age,   4 ans 8 mois.
Prop.,   Trosset Ambroise, La Chapelle.

1307 — Blanchette

Sign.,   Robe pie rouge.
Age,   3 ans 9 mois.
Prop.,   David Etienne, La Chapelle.

865 — Blanchette

Sign.,   Robe pie rouge, grande liste.
Age,   4 ans 2 mois.
Prop.,   Marchand-Millet Jean, Châtel.

1423 — Blanchette

Sign.,   Robe blanche, lunettes et oreilles rouges.
Age,   3 ans 2 mois.
Prop.,   Rubens François, Châtel.

1434 — Blanchette

Sign.,   Robe blanche, lunettes, oreilles et taches rouges à l'en-
         colure.
Age,   2 ans 8 mois.
Prop.,   Grenat Jean, Châtel.

1437 — Blanchette

Sign.,   Robe pie rouge, lunettes, plaques rouges à gauche sur le
         dos.
Age,   6 ans 2 mois.
Prop.,   Vuarand Ambroise, Châtel.

1445 — Blanchette

Sign., Robe blanche, rouge à la tête et à l'encolure.
Age, 7 ans.
Prop., Marchand-Revers Marie, Châtel.

1481 — Blanchette

Sign., Robe pie rouge, tête blanche.
Age, 2 ans 2 mois.
Prop., Desportes Joseph-André, La Chapelle.

415 — Blonde

Sign., Robe pie rouge, tête blanche.
Age, 9 ans.
Prop., Command Victor, La Chapelle.

470 — Blonde

Sign., Robe pie rouge, tête blanche, joue à droite rouge foncé.
Age, 2 ans 6 mois.
Prop., Vellet frères, Châtel.

485 — Blonde

Sign., Robe rouge pie, face blanche.
Age, 3 ans 2 mois.
Prop., Molliand Marie, Vacheresse.

59 — Blondine

Sign., Robe rouge pie.
Age, 4 ans 8 mois.
Prop., Tagand François-Prosper, Vacheresse.

763 — Blondine

Sign., Robe pie rouge, tête blanche.
Age, 6 ans 9 mois.
Prop., Bovet François, Bogève.

1130 — Bobine

Sign., Robe pie rouge, lunette à droite.
Age, 10 ans.
Prop., Clerc Louis, Thollon.

100 — Bombarde

Sign., Robe pie rouge.
Age, 3 ans 8 mois.
Prop., Mortier Jean-Claude, Vacheresse.

785 — Bombonne

Sign., Robe rouge pie, lunettes.
Age, 3 ans.
Prop., Périllat Frédéric, Bogève.

1385 — Bonne

Sign., Robe rouge pie, tête blanche.
Age, 29 mois.
Prop., Portier Clément, Noyer.

307 — Bordée

Sign., Robe rouge pie, lunettes.
Age, 2 ans 8 mois.
Prop., Tagand François, Vacheresse.

340 — Boucharde

Sign.,   Robe rouge pie, liste.
Age,   2 ans 8 mois.
Prop.,   Trosset François, La Chapelle.

186 — Boucharde

Sign.,   Robe rouge pie.
Age,   9 ans 6 mois.
Prop.,   Bochaton Charles, Larringes.

205 — Boucharde

Sign.,   Robe pie rouge, lunettes.
Age,   5 ans 8 mois.
Prop.,   Sache Julien, Chevenoz.

212 — Boucharde

Sign.,   Robe rouge pie, lunettes.
Age,   3 ans 8 mois.
Prop.,   Cettour Joseph, Chevenoz.

214 — Boucharde

Sign.,   Robe rouge pie, face blanche.
Age,   7 ans 9 mois.
Prop.,   Blanc François, Chevenoz.

217 — Boucharde

Sign.,   Robe rouge pie, lunettes.
Age,   9 ans 6 mois.
Prop.,   Charles François, Chevenoz.

222 — Boucharde

Sign., Robe rouge pie, liste.
Age, 3 ans 8 mois.
Prop., Gallay Louis, Chevenoz.

232 — Boucharde

Sign., Robe rouge pie, lunettes.
Age, 5 ans 7 mois.
Prop., Favre Augustin, Vacheresse.

235 — Boucharde

Sign., Robe rouge pie, lunettes.
Age, 2 ans 8 mois.
Prop., Petit Jean-François, Vacheresse.

238 — Boucharde

Sign., Robe rouge pie, face blanche, lunettes.
Age, 5 ans, 8 mois.
Prop., Veuve Bron Athanase, Vacheresse.

244 — Boucharde

Sign., Robe rouge pie, face blanche.
Age, 5 ans 8 mois.
Prop., Lolioz Jean-François, Vacheresse.

266 — Boucharde

Sign., Robe rouge pie, face blanche.
Age, 4 ans 7 mois.
Prop., Tagand Pierre-Alexis, Vacheresse.

271 — Boucharde

Sign.,   Robe rouge pie, lunettes.
Age,   7 ans 8 mois.
Prop.,   Grénat-Petit André, Vacheresse.

279 — Boucharde

Sign.,   Robe rouge pie, liste.
Age,   3 ans 7 mois.
Prop.,   Rosier Emmanuel, Vacheresse,

292 — Boucharde

Sign.,   Robe rouge pie, face blanche.
Age,   5 ans 2 mois.
Prop.,   Francoz Simon, Vacheresse.

303 — Boucharde

Sign.,   Robe rouge pie, lunettes.
Age,   2 ans 8 mois.
Prop.,   Tagand François, Vacheresse.

333 — Boucharde

Sign.,   Robe pie rouge, liste à gauche.
Age,   3 ans 8 mois.
Prop.,   Folliet André, Abondance.

482 — Boucharde

Sign.,   Robe rouge pie, face blanche.
Age,   2 ans 9 mois.
Prop.,   Dunand André, Vacheresse.

352 — Boucharde

Sign., Robe pie rouge, belle face.
Age, 3 ans 2 mois.
Prop., David Claude, La Chapelle.

360 — Boucharde

Sign., Robe rouge pie, lunette à gauche.
Age, 4 ans 2 mois.
Prop., Curtaz Joseph, La Chapelle.

410 — Boucharde

Sign., Robe rouge pie, lunette à gauche, demi-belle face.
Age, 10 ans.
Prop., Command Victor, La Chapelle.

416 — Boucharde

Sign., Robe pie rouge, demi belle face.
Age, 4 ans 8 mois.
Prop., Voisin Basile, La Chapelle.

476 — Boucharde

Sign., Robe rouge pie, face blanche.
Age, 3 ans 2 mois.
Prop., Michoux Pierre, Vacheresse.

484 — Boucharde

Sign., Robe rouge pie, lunette à droite.
Age, 6 ans 8 mois.
Prop., Tupin Nicolas, Vacheresse.

496 — Boucharde

Sign.,   Robe rouge pie, lunettes à gauche.
Age,   3 ans 2 mois.
Prop.,   Vulliez Basile-Alexis, Biot.

512 — Boucharde

Sign.,   Robe rouge pie, lunettes.
Age,   2 ans 10 mois.
Prop.,   Martin Jean, Biot.

524 — Boucharde

Sign.,   Robe rouge pie, demi belle face à gauche.
Age,   3 ans 4 mois.
Prop.,   Premat Xavier, Biot.

540 — Boucharde

Sign.,   Robe rouge pie, lunettes.
Age,   3 ans 8 mois.
Prop.,   Baud Jean, Morzine.

543 — Boucharde

Sign.,   Robe rouge pie, étoile.
Age,   6 ans 8 mois.
Prop.,   Richard François, Morzine.

553 — Boucharde

Sign.,   Robe rouge pie, demi belle face.
Age,   5 ans 8 mois.
Prop.,   Baud Jean feu Anselme, Morzine.

560 — Boucharde

Sign.,   Robe rouge pie, lunettes.
Age,   6 ans 8 mois.
Prop., Chauplanaz Jean, Morzine.

567 — Boucharde

Sign.,   Robe rouge pie, étoile.
Age,   7 ans 8 mois.
Prop., Michoux Nicolas, Morzine.

579 — Boucharde

Sign.,   Robe rouge pie, étoile.
Age,   2 ans.
Prop., Baud Claude-François, Morzine.

599 — Boucharde

Sign.,   Robe rouge pie, lunettes.
Age,   5 ans 8 mois.
Prop., Boujard Hippolyte, Evian-les-Bains.

608 — Boucharde

Sign.,   Robe rouge pie, lunette à gauche.
Age,   4 ans 7 mois.
Prop., Mottet Claude, Féternes.

611 — Boucharde

Sign.,   Robe pie rouge, lunettes.
Age,   3 ans 7 mois.
Prop., Gréloz Marie, Sciez.

651 — Boucharde

Sign., Robe rouge pie.
Age, 27 mois.
Prop., Bartholoni Anatole, Château de Coudrée, Sciez.

710 — Boucharde

Sign., Robe rouge pie, lunettes.
Age, 8 ans 8 mois.
Prop., Jeannin Louis, Villard.

759 — Boucharde

Sign., Robe rouge pie, liste à gauche.
Age, 4 ans 7 mois.
Prop., Delavouet Jules, Bogève.

757 — Boucharde

Sign., Robe pie rouge, tête blanche.
Age, 5 ans 2 mois.
Prop., Favre Jean-Louis, Bogève.

910 — Boucharde

Sign., Robe rouge pie, liste.
Age, 6 ans 8 mois.
Prop., Vulliez Jean-Pierre, Loisin.

918 — Boucharde

Sign., Robe rouge pie, liste.
Age, 7 ans 8 mois.
Prop., Dunand Alexandre, Loisin.

945 — Boucharde

Sign., Robe rouge pie, lunettes.
Age, 5 ans 7 mois.
Prop., Dubouloz Joseph, Reyvroz.

949 — Boucharde

Sign., Robe rouge pie, lunettes.
Age, 9 ans 6 mois.
Prop., Colloud Joseph feu Louis, Reyvroz.

994 — Boucharde

Sign., Robe rouge pie, demi face blanche.
Age, 5 ans.
Prop., Duchène Joseph, Vailly.

1014 — Boucharde

Sign., Robe rouge pie, grande liste.
Age, 5 ans 8 mois.
Prop., Garin Retien, Bons.

1080 — Boucharde

Sign., Robe rouge pie, lunettes.
Age, 4 ans 7 mois.
Prop., Bochaton A., Thollon.

1081 — Boucharde

Sign., Robe rouge pie, front blanc.
Age, 5 ans 8 mois.
Prop., Clerc Marie feu Pierre, Thollon.

1083 — Boucharde

Sign., Robe rouge pie, grande liste.
Age, 5 ans 7 mois.
Prop., Jacquier Marie, Thollon.

1087 — Boucharde

Sign., Robe rouge pie, grande liste.
Age, 5 ans 8 mois.
Prop., Veuve Bochaton, Thollon.

1098 — Boucharde

Sign., Robe rouge pie, lunettes.
Age, 3 ans 2 mois.
Prop., Perray Félix, Thollon.

1099 — Boucharde

Sign., Robe rouge pie, lunette à droite.
Age, 5 ans 6 mois.
Prop., Jacquier Pierre, Thollon.

1113 — Boucharde

Sign., Robe rouge pie, lunette à droite.
Age, 3 ans 8 mois.
Prop., Arandel Joseph, Thollon.

1118 — Boucharde

Sign., Robe rouge pie, étoile.
Age, 3 ans 2 mois.
Prop., Roch Sébastien, Thollon.

1137 — Boucharde

Sign.,   Robe rouge pie, lunettes.
Age,   6 ans 6 mois.
Prop., Vesin Marie, Thollon.

1153 — Boucharde

Sign.,   Robe rouge pie, grande liste.
Age,   3 ans 8 mois.
Prop., Vesin Jean, Thollon.

1175 — Boucharde

Sign.,   Robe pie rouge, étoile.
Age,   9 ans 6 mois.
Prop., Pinaud Jules, Perrignier.

1299 — Boncharde

Sign.,   Robe rouge, front blanc.
Age,   2 ans.
Prop., Girard-Noyer Amélie.

1305 — Boucharde

Sign.,   Robe rouge pie, plaqué.
Age,   27 mois.
Prop., Gagneux André, Abondance.

1439 — Boucharde

Sign.,   Robe rouge pie, lunettes.
Age,   4 ans 2 mois.
Prop., Vuarand Ambroise, Châtel.

1551 — Boucharde

Sign., Robe rouge pie, tête blanche, lunettes, moustaches.
Age, 25 mois.
Prop., Vuattoux Julien, Lullin.

2014 — Boucharde

Sign., Robe rouge pie, liste.
Age, 7 ans 3 mois.
Prop., Seydoux Eugène, Bernex.

2025 — Boucharde

Sign., Robe rouge, grande liste.
Age, 7 ans 3 mois.
Prop., Chevallay Ducrot-Antoine, Bernex.

2029 — Boucharde

Sign., Robe rouge pie, liste interrompue.
Age, 4 ans 2 mois.
Prop., Dutruel Aimé, Bernex.

2038 — Boucharde

Sign., Robe rouge, grande liste.
Age, 8 ans.
Prop., Chevallay Cyprien, Bernex.

2064 — Boucharde

Sign., Robe rouge pie, liste.
Age, 9 ans.
Prop., Veuve Peillex Julien, Bernex.

2085 — Boucharde

Sign., Robe rouge pie, étoile.
Age, 7 ans.
Prop., Chevallay Michel, Bernex.

63 — Boujon

Sign., Robe rouge pie.
Age, 3 ans 5 mois.
Prop., Dunand Emmanuel, Vacheresse.

357 — Boule

Sign., Robe pie rouge, face blanche.
Age, 7 ans 8 mois.
Prop., Maxit Antoine, La Chapelle.

1480 — Boule

Sign., Rouge pie, croissant.
Age, 26 mois.
Prop., Desportes Joseph-André, La Chapelle.

1353 — Boulet

Sign., Rouge pie, étoile.
Age, 5 ans 9 mois.
Prop., Besson Jean, Abondance.

129 — Boulette

Sign., Robe rouge pie.
Age, 5 ans 9 mois.
Prop., Curdy Joseph, La Chapelle.

101 — Boulotte

Sign., Robe rouge pie.
Age, 2 ans 7 mois.
Prop., Molliet Edouard, Villard.

103 — Boulotte

Sign., Robe rouge pie.
Age, 2 ans 10 mois.
Prop., Jordan Elie, Collonges.

112 — Bouquet

Sign., Robe rouge pie, tête blanche.
Age, 3 ans 1 mois.
Prop., Monnet Gabriel, Domaine de Morillon, Thonon-les-Bains.

118 — Bouquet

Sign., Robe rouge pie.
Age, 2 ans 6 mois.
Prop., Baron Blanc, Publier.

167 — Bouquet

Sign., Robe rouge pie.
Age, 3 ans 2 mois.
Prop., Commandant Blanc, Publier.

168 — Bouquet

Sign, Rouge pie.
Age, 29 mois.
Prop., Levray Marie, Lechère, Evian-les-Bains.

179 — Bouquet

Sign., Robe rouge pie.
Age, 4 ans 9 mois.
Prop., Viollaz Marie, Maxilly.

182 — Bouquet

Sign., Robe pie rouge.
Age, 11 ans.
Prop., Burnet Alexis, Maxilly.

191 — Bouquet

Sign., Robe pie rouge, lunettes.
Age, 3 ans 3 mois.
Prop., Delajoux François, Saint-Paul.

194 — Bouquet

Sign., Robe pie rouge, tête blanche.
Age, 3 ans 9 mois.
Prop., Marchand François, Saint-Paul.

196 — Bouquet

Sign., Robe rouge pie, lunettes.
Age, 6 ans 9 mois.
Prop., Mercier, Chevenoz.

1210 — Bouquet

Sign., Robe rouge pie, liste en tête.
Age, 4 ans 9 mois.
Prop., Degenève Pierre, Lullin.

1226 — Bouquet

Sign., Robe rouge pie, tête blanche, lunettes.
Age, 4 ans 9 mois.
Prop., Dupraz Marie, Lullin.

1230 — Bouquet

Sign., Robe rouge pie, étoile.
Age, 24 mois.
Prop., Veillet Jean feu Joseph, Lullin.

199 — Bouquet

Sign., Robe pie rouge, lunettes.
Age, 5 ans 9 mois.
Prop., Bouvier Alexandre, Chevènoz.

209 — Bouquet

Sign., Robe rouge pie, lunettes.
Age, 4 ans 8 mois.
Prop., Pollient François, Chevènoz.

213 — Bouquet

Sign., Robe pie rouge, face blanche.
Age, 4 ans 9 mois.
Prop., Morel Lucien, Chevènoz.

215 — Bouquet

Sign., Robe rouge pie, une lunette.
Age, 2 ans 7 mois.
Prop., Sache Julien, Chevènoz.

239 — Bouquet

Sign., Robe pie rouge, lunettes.
Age, 4 ans 3 mois.
Prop., Francoz François feu François, Vacheresse.

259 — Bouquet

Sign., Robe pie rouge, face blanche.
Age, 6 ans 9 mois.
Prop., Dunand André, Vacheresse.

265 — Bouquet

Sign., Robe rouge pie, face blanche.
Age, 3 ans 8 mois.
Prop., Gallien Pierre, Vacheresse.

275 — Bouquet

Sign., Robe rouge pie, lunettes.
Age, 2 ans 9 mois.
Prop., Grenat Joseph feu Michel, Vacheresse.

277 — Bouquet

Sign., Robe rouge pie, étoile.
Age, 4 ans 3 mois.
Prop., Dunand Ignace, Vacheresse.

285 — Bouquet

Sign., Robe rouge pie, étoile.
Age, 4 ans 8 mois.
Prop., Dunand Jean, Vacheresse.

289 — Bouquet

Sign., Robe rouge pie, liste.
Age, 4 ans 8 mois.
Prop., Bron François-Jean, Vacheresse.

290 — Bouquet

Sign., Robe rouge pie, liste irrégulière.
Age, 6 ans 9 mois.
Prop., Tagand Louis, Vacheresse.

294 — Bouquet

Sign., Robe rouge pie, 1 lunette.
Age, 4 ans 4 mois.
Prop., Francoz Simon, Vacheresse.

299 — Bouquet

Sign., Robe rouge pie, liste irrégulière.
Age, 2 ans 8 mois.
Prop., Condevaux Jean-Marie, Vacheresse.

306 — Bouquet

Sign., Robe rouge pie, lunettes.
Age, 4 ans 4 mois.
Prop., Petit Jean-André, Vacheresse.

327 — Bouquet

Sign., Robe rouge pie, liste.
Age, 8 ans 6 mois.
Prop., Salavuard, Abondance.

336 — Bouquet

Sign., Robe pie rouge, lunette à gauche.
Age,   10 ans 6 mois.
Prop., Folliet André, Abondance.

347 — Bouquet

Sign., Robe rouge pie, lunettes.
Age,   6 ans 8 mois.
Prop., Trosset Julien, La Chapelle.

363 — Bouquet

Sign., Robe rouge pie, lunettes.
Age,   6 ans 8 mois.
Prop., Command François, La Chapelle.

381 — Bouquet

Sign., Robe rouge pie, lunettes.
Age,   3 ans 3 mois.
Prop., Bochet François, La Chapelle.

401 — Bouquet

Sign., Robe rouge pie, lunettes.
Age,   3 ans 9 mois.
Prop., Cruz Lucien, La Chapelle.

404 — Bouquet

Sign., Robe rouge pie, lunettes.
Age,   2 ans 6 mois
Prop., Command Victor, La Chapelle.

430 — Bouquet

Sign.,   Robe pie rouge, listé.
Age,   4 ans 9 mois.
Prop.,   Favre Julien, La Chapelle.

432 — Bouquet

Sign.,   Robe rouge pie, lunettes.
Age,   5 ans 8 mois.
Prop.,   Favre Julien, La Chapelle.

443 — Bouquet

Sign.,   Robe rouge pie, étoile.
Age,   4 ans 9 mois.
Prop.,   Grillet-Mugnier François, La Chapelle.

454 — Bouquet

Sign.,   Robe rouge pie, étoile.
Age,   4 ans 8 mois.
Prop.,   Maxit Antoine, La Chapelle.

457 — Bouquet

Sign.,   Robe rouge pie, lunettes.
Age,   5 ans 9 mois.
Prop.,   Maxit Antoine, La Chapelle.

477 — Bouquet

Sign.,   Robe rouge pie, face blanche.
Age,   2 ans 8 mois.
Prop.,   Michoux Pierre, Vacheresse.

480 — Bouquet

Sign., Robe rouge pie, lunette à droite.
Age, 4 ans 3 mois.
Prop., Dumont Célestin, Vacheresse.

491 — Bouquet

Sign., Robe rouge pie, lunette à gauche.
Age, 4 ans 9 mois.
Prop., Bouvier Joseph, Vacheresse.

495 — Bouquet

Sign., Robe rouge pie, lunettes.
Age, 6 ans 8 mois.
Prop., Vulliez Basile-Alexis, Vacheresse.

500 — Bouquet

Sign., Robe rouge pie, tête blanche.
Age, 7 ans 8 mois.
Prop., Gottet Maurice, Biot.

505 — Bouquet

Sign., Robe rouge pie, lunette à droite.
Age, 7 ans 9 mois.
Prop., Anthonioz, Biot.

506 — Bouquet

Sign., Robe pie rouge, lunettes.
Age, 3 ans 8 mois.
Prop., Coffy Veuve, Biot.

523 — Bouquet

Sign.,   Robe rouge pie, lunette à gauche.
Age,   10 ans 6 mois.
Prop.,   Mugnier Léon, Biot.

527 — Bouquet

Sign.,   Robe rouge pie, étoile.
Age,   5 ans 3 mois.
Prop.,   Perrier Paul, Biot.

531 — Bouquet

Sign.,   Robe rouge pie, lunettes.
Age,   8 ans 8 mois.
Prop.,   Morand François, Biot.

537 — Bouquet

Sign.,   Robe pie rouge, liste.
Age,   2 ans 9 mois.
Prop.,   Premat Henri, Biot.

551 — Bouquet

Sign.,   Robe rouge pie, liste.
Age,   6 ans 8 mois.
Prop.,   Berger Claude, Morzine.

552 — Bouquet

Sign.,   Robe rouge pie, lunettes.
Age,   3 ans 5 mois.
Prop.,   Baud Joseph, Morzine.

555 — Bouquet

Sign., Robe rouge pie, tête rouge.
Age, 9 ans 8 mois.
Prop., Veuve Muffat, Morzine.

556 — Bouquet

Sign., Robe rouge pie, lunettes.
Age, 8 ans 8 mois.
Prop., Baud Nicolas, Morzine.

558 — Bouquet

Sign., Robe rouge pie, étoile.
Age, 7 ans 8 mois.
Prop., Sage Péronne, Morzine.

562 — Bouquet

Sign., Robe rouge pie, étoile.
Age, 9 ans 7 mois.
Prop., Taberlet Jean-Alphonse, Morzine.

567 — Bouquet

Sign., Robe rouge pie, étoile.
Age, 3 ans 8 mois.
Prop., Vve Taberlet-Baud Jeanne, Morzine.

576 — Bouquet

Sign., Robe rouge pie, lunette à gauche.
Age, 2 ans 2 mois.
Prop., Baud Claude-François, Morzine.

583 — Bouquet

Sign.,   Robe rouge pie, lunettes.
Age,   6 ans 8 mois.
Prop., Vulliez, Maire, La Baume.

597 — Bouquet

Sign.,   Robe rouge pie, lunette à droite.
Age,   9 ans 8 mois.
Prop., Corajoud Auguste, Thonon-les-Bains.

598 — Bouquet

Sign.,   Robe rouge pie, lunette à droite.
Age,   8 ans 7 mois.
Prop., Bosson Auguste, Thonon-les-Bains.

602 — Bouquet

Sign.,   Robe rouge pie, principe de lunette à droite.
Age,   6 ans 6 mois.
Prop., Bondaz Joseph, Allinges.

610 — Bouquet

Sign.,   Robe pie rouge, lunette à droite.
Age,   4 ans 7 mois.
Prop., Vulliez Joachim, La Baume.

614 — Bouquet

Sign.,   Robe rouge pie, front blanc.
Age,   2 ans 6 mois.
Prop., Pariat Jules, Marin.

669 — Bouquet

Sign., Robe pie rouge.
Age, 5 ans 8 mois.
Prop., Mermain Alphonse, Habère-Poche.

673 — Bouquet

Sign., Robe rouge pie, étoile.
Age, 5 ans 9 mois.
Prop., Duret Edouard, Habère-Poche.

684 — Bouquet

Sign., Robe pie rouge, tête blanche.
Age, 8 ans 7 mois.
Prop., Mamet François feu Claude, Habère-Poche.

687 — Bouquet

Sign., Robe pie rouge, lunette à droite.
Age, 5 ans 8 mois.
Prop., Félisat Adrien, Villard.

690 — Bouquet

Sign., Robe pie rouge, listé à gauche.
Age, 5 ans 7 mois.
Prop., Vaudaux Jules, Habère-Poche.

694 — Bouquet

Sign., Robe pie rouge, tête blanche.
Age, 4 ans 8 mois.
Prop., Mouthon Joseph, Villard.

698 — Bouquet

Sign.,   Robe rouge pie, lunettes.
Age,   9 ans 8 mois.
Prop.,   Mouthon Joseph, Villard.

700 — Bouquet

Sign.,   Robe rouge pie, lunette à gauche.
Age,   2 ans 8 mois.
Prop.,   Mouthon Jean-Baptiste, Villard.

704 — Bouquet

Sign.,   Robe rouge pie, lunettes.
Age,   3 ans 8 mois.
Prop.,   Dufour Joseph-Marie, Villard.

716 — Bouquet

Sign.,   Robe rouge pie, étoile.
Age,   9 ans 8 mois.
Prop.,   Buttet Alphonse, Villard.

721 — Bouquet

Sign.,   Robe rouge pie, liste truitée.
Age,   5 ans 8 mois.
Prop.,   Mouthon François feu Alexis, Villard.

724 — Bouquet

Sign.,   Robe rouge pie, lunettes.
Age,   3 ans 8 mois.
Prop.,   Mouchet Alphonse, Villard.

733 — Bouquet

Sign., Robe rouge pie, étoile.
Age, 6 ans 1 mois.
Prop., Dumont Gaëtan, Boëge.

740 — Bouquet

Sign., Robe rouge pie, lunettes.
Age, 2 ans 6 mois.
Prop., Charrière Pierre, Boëge.

745 — Bouquet

Sign., Robe rouge pie, lunettes.
Age, 3 ans.
Prop., Pinget François, Boëge.

749 — Bouquet

Sign., Robe pie rouge, étoile.
Age, 2 ans 11 mois.
Prop., Bastard Marie. Boëge.

750 — Bouquet

Sign., Robe pie rouge, liste.
Age, 2 ans 7 mois.
Prop., Condevaux Eugène, Boëge.

756 — Bouquet

Sign., Robe rouge pie, lunette à droite.
Age, 10 ans 6 mois.
Prop., Molliet Joseph, Villard-sur-Boëge.

757 — Bouquet

Sign., Robe pie rouge, tête blanche.
Age, 5 ans 2 mois.
Prop., Favre Jean-Louis, Bogève.

765 — Bouquet

Sign., Robe rouge pie, lunettes.
Age, 6 ans 7 mois.
Prop., Chardon Pautex-François, Bogève.

789 — Bouquet

Sign., Robe rouge pie, lunettes.
Age, 6 ans 7 mois.
Prop., Forel François, Bogève.

795 — Bouquet

Sign., Robe rouge pie, étoile.
Age, 7 ans 7 mois.
Prop., Gavard Jean, Bogève.

817 — Bouquet

Sign., Robe rouge pie, lunettes.
Age, 7 ans 7 mois.
Prop., Delavouëx Eusèbe, Bogève.

819 — Bouquet

Sign., Robe pie rouge, demi belle face.
Age, 5 ans 7 mois.
Prop., Chardon Hippolyte, Bogève.

821 — Bouquet

Sign., Robe pie rouge, lunettes.
Age, 5 ans 7 mois.
Prop., Bel Célestin, Bogève.

828 — Bouquet

Sign., Robe rouge pie, lunettes.
Age, 6 ans 1 mois.
Prop., Pinget-Rockes, Bogève.

834 — Bouquet

Sign., Robe pie rouge, tête blanche.
Age, 5 ans.
Prop., Morin-Damase, Anthy.

835 — Bouquet

Sign., Robe pie rouge, tête blanche.
Age, 3 ans.
Prop., Perroud Pierre, Margencel.

836 — Bouquet

Sign., Robe rouge pie, lunettes.
Age, 4 ans 6 mois.
Prop., Beguin Louis, Anthy.

842 — Bouquet

Sign., Robe pie rouge, lunettes.
Age, 4 ans.
Prop., Duchêne Joseph, Margencel.

843 — Bouquet

Sign., Robe pie rouge, lunettes.
Age, 4 ans 6 mois.
Prop., Girod Marie, Anthy.

855 — Bouquet

Sign., Robe rouge pie, tête blanche.
Age, 27 mois.
Prop., Guichard Jean, Jussy-Sciez.

838 — Bouquet

Sign., Robe rouge pie.
Age, 8 ans 6 mois.
Prop., Aly Jean, Sciez.

859 — Bouquet

Sign., Robe rouge pie.
Age, 8 ans 6 mois.
Prop., Dunand François, Sciez.

861 — Bouquet

Sign., Robe pie rouge.
Age, 4 ans.
Prop., Charmot René, Jussy-Sciez.

877 — Bouquet

Sign., Robe rouge pie, liste en tête.
Age, 4 ans 6 mois.
Prop., Pellut Joseph, Sciez.

886 — Bouquet

Sign., Robe rouge pie, tête blanche.
Age, 2 ans 6 mois.
Prop., Couty Philibert, Douvaine.

888 — Bouquet

Sign., Robe rouge pie, tête blanche.
Age, 7 ans 6 mois.
Prop., Veuve Mathieu Louise, Douvaine.

894 — Bouquet

Sign., Robe rouge pie, lunettes.
Age, 4 ans 6 mois.
Prop., Genoud François, Douvaine.

899 — Bouquet

Sign., Robe rouge pie, lunette à droite.
Age, 5 ans 6 mois.
Prop., Boulens Jean, Douvaine.

905 — Bouquet

Sign., Robe rouge pie, étoile.
Age, 8 ans 6 mois.
Prop., Genoud Marie dit Mérandon, Douvaine.

907 — Bouquet

Sign., Robe rouge pie, lunettes.
Age, 10 ans 6 mois.
Prop., Boulens Alexis fils, Douvaine.

912 — Bouquet

Sign.,   Robe rouge pie, lunettes.
Age,   4 ans 6 mois.
Prop.,   Vulliez Jean-Pierre, Loisin.

914 — Bouquet

Sign.,   Robe rouge pie, liste.
Age,   9 ans 6 mois.
Prop.,   Dunand Alexandre, Loisin.

924 — Bouquet

Sign.,   Robe rouge pie, étoile.
Age,   6 ans 6 mois.
Prop.,   Vigny Alexandre, Loisin.

926 — Bouquet

Sign.,   Robe pie rouge, lunettes.
Age,   8 ans 6 mois.
Prop.,   Baud Lucien, Bons.

932 — Bouquet

Sign.,   Robe pie rouge, lunettes.
Age,   7 ans 6 mois.
Prop.,   Trolliet Jean-Joseph, Bons.

942 — Bouquet

Sign.,   Robe rouge pie, lunettes.
Age,   3 ans 6 mois.
Prop.,   Bondaz Joseph, Reyvroz.

954 — Bouquet

Sign., Robe rouge pie.
Age, 3 ans.
Prop., Bondaz Julien, Reyvroz.

968 — Bouquet

Sign., Robe rouge pie, demi belle face.
Age, 3 ans.
Prop., Colloud Claude, Reyvroz.

983 — Bouquet

Sign., Robe rouge pie, étoile.
Age, 6 ans 6 mois.
Prop., Mugnier Joseph, Vailly.

987 — Bouquet

Sign., Robe rouge pie, quadrillé.
Age, 6 ans 6 mois.
Prop., Frossard François-Xavier, Vailly.

1006 — Bouquet

Sign., Robe rouge pie, liste rouge.
Age, 3 ans 6 mois.
Prop., Garin Louis, Vailly.

1015 — Bouquet

Sign., Robe rouge pie, lunettes.
Age, 7 ans 6 mois.
Prop., Garin Retien, Bons.

1020 — Bouquet

Sign.,   Robe rouge pie, tête blanche.
Age,   4 ans 6 mois.
Prop., Favrat Célestin, Bellevaux.

1021 — Bouquet

Sign.,   Robe rouge pie, étoile.
Age,   8 ans 6 mois.
Prop., Rey Renaud, Bellevaux.

1037 — Bouquet

Sign.,   Robe rouge pie.
Age,   3 ans.
Prop., Tournier Jean-Michel, Bellevaux.

1038 — Bouquet

Sign.,   Robe pie rouge, tête blanche.
Age,   5 ans 6 mois.
Prop., Bossus Louis, Maugny.

1058 — Bouquet

Sign.,   Robe rouge pie, lunette à droite.
Age,   9 ans 6 mois.
Prop., Dépierre Alphonse, Mâcheron.

1063 — Bouquet

Sign.,   Robe rouge pie, étoile.
Age,   5 ans 6 mois.
Prop., Veuve Genoud Marie, Draillant.

1088 — Bouquet

Sign., Robe pie rouge, lunettes.
Age, 7 ans 6 mois.
Prop., Vesin Félix, Thollon.

1095 — Bouquet

Sign., Robe rouge pie, lunettes.
Age, 5 ans 6 mois.
Prop., Gaillet Bernard, Thollon,

1106 — Bouquet

Sign., Robe rouge pie, tête blanche.
Age, 6 ans 7 mois.
Prop., Jacquier Marie, Thollon.

1131 — Bouquet

Sign., Robe rouge pie, grande liste.
Age, 6 ans 6 mois.
Prop., Clerc Louis, Thollon.

1141 — Bouquet

Sign., Robe rouge pie, lunettes.
Age, 6 ans 6 mois.
Prop., Vesin Marie-Joseph, Thollon.

1144 — Bouquet

Sign., Robe pie rouge, front blanc,
Age, 2 ans 7 mois.
Prop., Jacquier François, Thollon.

1150 — Bouquet

Sign., Robe pie rouge, lunettes.
Age. 5 ans 7 mois.
Prop., Roch Marie, Thollon.

1157 — Bouquet

Sign., Robe rouge pie, face blanche.
Age, 8 ans 7 mois.
Prop., Mamet Marie, Perrignier.

1160 — Bouquet

Sign., Robe rouge pie, tête blanche.
Age, 9 ans 6 mois.
Prop., Lacroix Edouard, Perrignier.

1161 — Bouquet

Sign., Robe rouge pie, lunettes.
Age, 5 ans 6 mois.
Prop., Veuve Neuvecelle, Perrignier.

1170 — Bouquet

Sign., Robe rouge pie, 1 lunette.
Age, 7 ans 6 mois.
Prop., Meynet Joseph, Perrignier.

1172 — Bouquet

Sign., Robe rouge pie, lunettes.
Age, 9 ans 6 mois.
Prop., Pinaud Jules, Perrignier.

1177 — Bouquet

Sign., Robe pie rouge, grande liste.
Age, 3 ans 6 mois.
Prop., Moynat François, Perrignier.

1181 — Bouquet

Sign., Robe rouge pie, étoile.
Age, 4 ans 6 mois.
Prop., Senevat François, Perrignier.

1183 — Bouquet

Sign., Robe rouge pie, lunettes.
Age, 3 ans.
Prop., Chardon Boniface, Perrignier.

1184 — Bouquet

Sign., Robe rouge pie, grande liste.
Age, 4 ans 6 mois.
Prop., Girod Marie, Perrignier.

1189 — Bouquet

Sign., Robe rouge pie, étoile.
Age, 6 ans 7 mois.
Prop., Bogagny Jean, Perrignier.

1191 — Bouquet

Sign., Robe rouge pie, lunette à droite.
Age, 3 ans 2 mois.
Prop., Constantin Jean, Perrignier.

1197 — Bouquet

Sign., Robe pie rouge, grande liste.
Age, 6 ans 6 mois.
Prop., Bron André, Bernex.

1236 — Bouquet

Sign., Robe rouge pie, liste.
Age, 5 ans 10 mois.
Prop., Chédal Jean-Louis, Lullin.

1246 — Bouquet

Sign., Robe rouge pie.
Age, 2 ans 10 mois.
Prop., Meynet Jean-Daniel, Lullin.

1254 — Bouquet

Sign., Robe rouge pie, étoile.
Age, 5 ans 10 mois.
Prop., Dupraz Jean, Lullin.

1260 — Bouquet

Sign., Robe rouge pie, lunettes.
Age, 8 ans 10 mois.
Prop., Vuattoux Joseph-Marie, Lullin.

1262 — Bouquet

Sign., Robe rouge, étoile allongée.
Age, 3 ans 10 mois.
Prop., Piccot Anselme, Lullin.

1264 — Bouquet

Sign., Robe rouge pie, tête blanche.
Age, 8 ans 7 mois.
Prop., Viollet Julien, Lullin.

1271 — Bouquet

Sign., Robe rouge pie, étoile.
Age, 5 ans 10 mois.
Prop., Piccot Marie-Célestin, Lullin.

1312 — Bouquet

Sign., Robe rouge pie, lunettes.
Age, 3 ans.
Prop., Gagneux Joseph, Sous le Pas, Abondance.

1319 — Bouquet

Sign., Robe rouge pie, lunettes.
Age, 3 ans 8 mois.
Prop., Favre Pierre, Vacheresse.

1321 — Bouquet

Sign., Robe rouge pie, lunettes.
Age, 5 ans 8 mois.
Prop., Desportes Maurice, La Chapelle.

1340 — Bouquet

Sign., Robe rouge pie, étoile en tête.
Age, 5 ans 9 mois.
Prop., Teninge Eugène feu André, Abondance.

1355 — Bouquet

Sign., Robe rouge pie, liste en tête.
Age, 6 ans 10 mois.
Prop., Bernard Jean, Abondance.

1360 — Bouquet

Sign., Robe pie rouge.
Age, 2 ans 10 mois.
Prop., Peillex François feu André, Abondance.

1363 — Bouquet

Sign., Robe pie rouge, liste en tête.
Age, 3 ans 4 mois.
Prop., Blanc-Dépotex Joseph, au Mont, Abondance.

1369 — Bouquet

Sign., Robe pie rouge, tête blanche, lunette à droite.
Age, 3 ans 4 mois.
Prop., Cettour André fils, Bonnevaux.

1374 — Bouquet

Sign., Robe pie rouge, liste en tête, lunettes.
Age, 3 ans 5 mois.
Prop., Paroisse Alexandre, Bonnevaux.

1386 — Bouquet

Sign., Robe rouge pie, lunettes.
Age, 2 ans 10 mois.
Prop., Boujon Eugène, Champanges.

1390 — Bouquet

Sign., Robe rouge pie, face blanche, tache blanche sur le museau.
Age, 4 ans 6 mois.
Prop., Veuve Marinet, Amphion.

634 — Bouquet

Sign., Robe rouge pie, tête blanche, lunettes moustache.
Age, 5 ans 2 mois.
Prop., Command Victor, La Chapelle.

1406 — Bouquet

Sign., Robe rouge pie, tête blanche, lunettes.
Age, 17 mois.
Prop., Vuarand Eugène, Châtel.

1413 — Bouquet

Sign., Robe rouge pie, lunettes moustaches.
Age, 5 ans 2 mois.
Prop., Millet-Marchand Maurice, Châtel.

1417 — Bouquet

Sign., Robe pie rouge, tête blanche, principe de lunette à droite.
Age, 2 ans 8 mois.
Prop., Sage Alexis, Châtel.

1419 — Bouquet

Sign., Robe rouge pie, tête blanche.
Age, 3 ans 2 mois.
Prop., Thoule Pierre, Châtel.

1429 — Bouquet

Sign.,   Robe rouge pie, étoile.
Age,   2 ans 2 mois.
Prop.,   Grillet-Paysan André-Aimé, Châtel.

1435 — Bouquet

Sign.,   Robe rouge pie, tête blanche.
Age,   2 ans 2 mois.
Prop.,   Grenat Jean, Châtel.

1438 — Bouquet

Sign.,   Robe rouge pie, lunettes, plaques blanches sur le garot,
     moustaches.
Age,   4 ans 8 mois.
Prop.,   Vuarand Ambroise, Châtel.

1455 — Bouquet

Sign.,   Robe pie rouge, lunettes, moustaches.
Age,   2 ans 2 mois.
Prop.,   Grillet Philippe, Châtel.

1460 — Bouquet

Sign.,   Robe pie rouge, tête blanche, lunette à droite.
Age,   4 ans.
Prop.,   Défago Elie, Châtel.

1473 — Bouquet

Sign.,   Robe rouge pie, lunettes, moustaches.
Age,   4 ans 2 mois.
Prop.,   Pasquier Simon, La Chapelle.

1482 — Bouquet

Sign., Robe pie rouge, grande liste.
Age, 3 ans 2 mois.
Prop., Vuilloud César, La Chapelle.

1489 — Bouquet

Sign., Robe pie rouge, liste, déviée à droite.
Age, 5 ans.
Prop., Crépy Ambroise, La Chapelle.

1508 — Bouquet

Sign., Robe pie rouge, tête blanche, lunettes.
Age, 4 ans 2 mois.
Prop., Command Victor, La Chapelle.

1513 — Bouquet

Sign., Robe rouge pie, tête blanche.
Age, 7 ans.
Prop., Maxit Eugène, La Chapelle.

1529 — Bouquet

Sign., Robe rouge pie, blanc sur le boulet droit.
Age, 7 ans.
Prop., Joly Victor, Lullin.

2001 — Bouquet

Sign., Robe rouge pie, lunettes.
Age, 3 ans 2 mois.
Prop., Buttay Félicien dit Rosset, Bernex.

2004 — Bouquet

Sign.,   Robe pie rouge, tête blanche.
Age,   4 ans 2 mois.
Prop.,   Tissot Edouard, Bernex.

2006 — Bouquet

Sign.,   Robe rouge pie, lunettes.
Age,   7 ans 3 mois.
Prop.,   Curdy Joseph, Bernex.

2010 — Bouquet

Sign.,   Robe rouge pie, lunettes.
Age,   3 ans 8 mois.
Prop.,   Arandel Joseph, Bernex.

2015 — Bouquet

Sign.,   Robe rouge pie, étoile irrégulière.
Age,   3 ans 2 mois.
Prop.,   Biraux Antoine, Bernex.

2027 — Bouquet

Sign.,   Robe rouge pie, étoile.
Age,   3 ans 3 mois.
Prop.,   Chevallay Antoine-Gaspard, Bernex.

2044 — Bouquet

Sign.,   Robe rouge pie, lunettes.
Age,   3 ans 6 mois.
Prop.,   Chevallay Maurice, Bernex.

2046 — Bouquet

Sign., Robe rouge pie, étoile prolongée à gauche.
Age, 7 ans 3 mois.
Prop., Blanc Antoine feu Félix, Bernex.

2051 — Bouquet

Sign., Robe rouge pie, liste.
Age, 5 ans.
Prop., Dupraux Gaspard, Bernex.

2059 — Bouquet

Sign., Robe rouge pie, lunette à gauche.
Age, 5 ans.
Prop., Peillex André, Bernex.

2060 — Bouquet

Sign., Robe rouge pie, lunettes.
Age, 6 ans.
Prop., Chevallay André-Gaspard, Bernex.

2063 — Bouquet

Sign., Robe rouge pie, grande liste.
Age, 2 ans 6 mois.
Prop., Viollaz Xavier, Bernex.

2067 — Bouquet

Sign., Robe rouge pie, lunettes.
Age, 2 ans 6 mois.
Prop., Trincaz Joseph, Bernex.

2068 — Bouquet

Sign., Robe rouge pie, lunettes.
Age, 6 ans.
Prop., Buttay André-Marchand, Bernex.

2072 — Bouquet

Sign., Robe rouge pie, lunettes.
Age, 4 ans 2 mois.
Prop., Buttay Maurice, Bernex.

2091 — Bouquet

Sign., Robe rouge pie, lunettes.
Age, 5 ans.
Prop., Bireaux Michel-Gabriel, Bernex.

2093 — Bouquet

Sign., Robe pie rouge, tête blanche.
Age, 5 ans.
Prop., Chevallay Jacques, Bernex.

979 — Brabande

Sign., Robe rouge pie, face blanche.
Age, 3 ans 8 mois.
Prop., Chevallay Joseph, Vailly.

938 — Bretagne

Sign., Robe rouge pie, grande liste.
Age, 28 mois.
Prop., Vulliez Claude, Reyvroz.

447 — Bretonne

Sign.,   Robe rouge pie, lunettes.
Age,   29 mois.
Prop.,   Trosset Ambroise, La Chapelle.

791 — Bretonne

Sign.,   Robe rouge pie, tête blanche.
Age,   3 ans 2 mois.
Prop.,   Forel Clément, Bogève.

809 — Bretonne

Sign.,   Robe rouge pie, lunettes.
Age,   4 ans 8 mois.
Prop.,   Bouvier Joseph, Bogève.

980 — Bretonne

Sign.,   Robe rouge pie, lunettes.
Age,   6 ans 6 mois.
Prop.,   Trabichet François, Vailly.

104 — Brillant

Sign.,   Robe rouge pie, étoile à trois pointes.
Age,   5 ans 9 mois.
Prop.,   Monnet Gabriel, Domaine de Morillon à Thonon-les-Bains.

643 — Brillant

Sign.,   Robe pie rouge, étoile.
Age,   27 mois.
Prop.,   Bartholoni Anatole, Château de Coudrée, Sciez.

779 — Brillant

Sign., Robe pie rouge, liste.
Age, 2 ans 10 mois.
Prop., Bouvier Marie, Bogève.

812 — Brillant

Sign., Robe rouge pie, lunettes.
Age, 7 ans 9 mois.
Prop., Bouvier Joseph, Bogève.

995 — Brillant

Sign., Robe rouge pie, demi belle face.
Age, 10 ans 6 mois.
Prop., Decombey Françoise, Vailly.

1383 — Brillant

Sign., Robe rouge, étoile.
Age, 3 ans 9 mois.
Prop., Bons-Fontan François, Vacheresse.

136 — Brindille

Sign., Robe rouge pie.
Age, 3 ans 1 mois.
Prop., Liège Augustin, Vacheresse.

128 — Brunette

Sign., Robe rouge pie, grande liste blanche sous le ventre.
Age, 5 ans 2 mois.
Prop., Chédal Célestin, Lullin.

937 — Cadence

Sign., Robe rouge pie, lunettes.
Age, 7 ans 8 mois.
Prop., Vulliez François, Reyvroz.

1325 — Cadence

Sign., Robe rouge pie, liste en tête.
Age, 6 ans 8 mois.
Prop., Lausenaz Jean-Marie, Chevenoz.

1338 — Cadence

Sign., Robe rouge pie, lunettes, liste en tête.
Age, 27 mois.
Prop., Berthet Ambroise, Abondance.

388 — Canari

Sign., Robe rouge pie, lunettes.
Age, 2 ans 8 mois.
Prop., Maxit Eugène, La Chapelle.

426 — Canari

Sign., Robe rouge pie, belle face.
Age, 3 ans 2 mois.
Prop., Favre Julien, La Chapelle.

743 — Canari

Sign., Robe rouge pie, lunettes.
Age, 28 mois.
Prop., Mercier François, Boëge.

1362 — Canari

Sign., Robe pie rouge, liste en tête.
Age, 27 mois.
Prop., Benand Pierre, Abondance.

1372 — Canari

Sign., Robe pie rouge, tête blanche.
Age, 2 ans 8 mois.
Prop., Blanc François, au Mont, Abondance.

1451 — Canari

Sign., Robe pie rouge, lunettes, moustaches.
Age, 26 mois.
Prop., David Jean-Louis, La Chapelle.

1492 — Canari

Sign., Robe pie rouge, tête blanche.
Age, 5 ans 2 mois.
Prop., Crépy Ambroise, La Chapelle.

152 — Caouette

Sign., Robe pie rouge.
Age, 7 ans 2 mois.
Prop., Bartholoni Anatole, Château de Coudrée, Sciez.

1526 — Caouette

Sign., Robe rouge pie en tête, blanche sur la queue.
Age, 5 ans.
Prop., Degenève Joseph-Marie, Lullin.

2070 — Caouette

Sign., Robe rouge pie, grande liste.
Age, 8 ans 6 mois.
Prop., Buttay-Marchand André, Bernex.

79 — Capricieuse

Sign., Robe rouge pie.
Age, 3 ans 8 mois.
Prop., Bullaz Alfred, Excénevex.

211 — Carabine

Sign., Robe pie rouge, face blanche.
Age, 4 ans 8 mois.
Prop., Vernaz Pierre, Chevenoz.

1102 — Carabine

Sign., Robe rouge pie, front tacheté.
Age, 3 ans 8 mois.
Prop., Jacquier Pierre, Thollon.

1205 — Carillon

Sign., Robe rouge, étoile en tête.
Age, 29 mois.
Prop., Piccot Anselme, Lullin.

287 — Carillon

Sign., Robe rouge pie, face blanche.
Age, 5 ans 8 mois.
Prop., Petit Jean-François, Vacheresse.

399 — Carillon

Sign., Robe rouge pie, étoile.
Age, 4 ans 8 mois.
Prop., Trosset Joachim, La Chapelle.

471 — Carillon

Sign., Robe pie rouge, tête blanche, lunettes.
Age, 26 mois.
Prop., Vallet frères, Châtel.

571 — Carillon

Sign., Robe rouge pie, tête rouge.
Age, 2 ans 7 mois.
Prop., Baud Nicolas feu Aimé, Morzine.

609 — Carillon

Sign., Robe rouge pie, lunette à droite.
Age, 2 ans 10 mois.
Prop., Moulhon Claude, Publier.

674 — Carillon

Sign., Robe rouge pie, belle face, lunette en principe à gauche.
Age, 8 ans 8 mois.
Prop., Deremble François, Habère-Poche.

731 — Carillon

Sign., Robe rouge pie, demi belle face, lunettes à gauche.
Age, 4 ans 2 mois.
Prop., Dumont Gaëtan, Boëge.

777 — Carillon

Sign., Robe rouge pie, lunettes.
Age, 26 mois.
Prop., Bouvier Marie, Bogève.

825 — Carillon

Sign., Robe rouge pie, étoile.
Age, 4 ans 8 mois.
Prop., Demusy François, Bogève.

860 — Carillon

Sign., Robe rouge pie.
Age, 2 ans 10 mois.
Prop., Pellut Clément, Sciez.

891 — Carillon

Sign., Robe rouge pie, tête blanche.
Age, 3 ans 9 mois.
Prop., Boulens François, Douvaine.

920 — Carillon

Sign., Robe rouge pie, lunettes.
Age, 7 ans 8 mois.
Prop., Vigny François, Loisin.

1005 — Carillon

Sign., Robe pie rouge, lunettes.
Age, 4 ans 7 mois.
Prop., Morel Joseph, Vailly.

1029 — Carillon

Sign.,   Robe rouge pie, tête blanche.
Age,   10 ans 6 mois.
Prop., Baud Joseph, Bellevaux.

1145 — Carillon

Sign.,   Robe pie rouge, tête blanche.
Age,   2 ans 8 mois.
Prop., Vesin Joseph, Thollon.

1395 — Carillon

Sign.,   Robe rouge pie, tachetée, grande liste déviée à gauche.
Age,   5 ans 3 mois.
Prop., Bartholoni Anatole, Château de Coudrée, Sciez.

1511 — Carillon

Sign.,   Robe rouge pie, grande liste.
Age,   26 mois.
Prop., Maxit Paul, La Chapelle.

1514 — Carillon

Sign.,   Robe pie rouge, étoile.
Age,   26 mois.
Prop., Maxit Eugène, La Chapelle.

1556 — Carillon

Sign.,   Robe rouge pie, étoile.
Age,   25 mois.
Prop., Piccot François, Lullin.

107 — Caro

Sign., Robe rouge pie, liste en tête.
Age, 7 ans 8 mois.
Prop., Monnet Gabriel, Domaine de Morillon, Thonon-les-Bains.

345 — Caro

Sign., Robe rouge pie, étoile.
Age, 11 ans 8 mois.
Prop., Trosset François, La Chapelle.

384 — Caro

Sign., Robe rouge pie, étoile.
Age, 9 ans 9 mois.
Prop., Command Alphonse, La Chapelle.

413 — Caro

Sign., Robe pie rouge, lunettes.
Age, 3 ans 10 mois.
Prop., Command Victor, La Chapelle.

433 — Caro

Sign., Robe rouge pie, lunettes.
Age, 11 ans 9 mois.
Prop., Desportes Ignace, La Chapelle.

437 — Caro

Sign., Robe rouge pie, lunette à droite.
Age, 9 ans 8 mois.
Prop., Cruz Jacques frères, La Chapelle.

453 — Caro

Sign.,   Robe pie rouge, demi belle face.
Age,   5 ans 8 mois.
Prop.,   Maxit Antoine, La Chapelle.

473 — Caro

Sign.,   Robe pie rouge, tête blanche, lunettes.
Age,   26 mois.
Prop.,   Vallet frères, Châtel.

1364 — Caro

Sign.,   Robe pie rouge, liste en tête.
Age,   3 ans 3 mois.
Prop.,   Grillet-Paysan, Châtel.

1377 — Caro

Sign.,   Robe rouge pie, liste en tête, lunettes.
Age,   3 ans 9 mois.
Prop.,   Blanc François, au Mont, Abondance.

1484 — Caro

Sign.,   Robe pie rouge, lunettes en principe.
Age,   5 ans.
Prop.,   Blanc François feu Claude, La Chapelle.

1463 — Caro

Sign.,   Robe pie rouge, liste déviée à gauche.
Age,   4 ans 2 mois.
Prop.,   Marchand-Millet Claude, Châtel.

1232 — Carouge

Sign., Robe rouge pie, listé, étoile rouge.
Age, 4 ans 8 mois.
Prop., Piccot Ephèse, Lullin.

617 — Carougè

Sgn., Robe rouge pie, principes de lunettes.
Age, 2 ans.
Prop., Monnet Gabriel, Domaine de Morillon, Thonon-les-Bains.

911 — Carouge

Sign., Robe rouge pie, tète rouge.
Age, 11 ans 6 mois.
Prop., Vulliez Jean-Pierre, Loisin.

1043 — Carouge

Sign., Robe rouge pie.
Age, 5 ans 6 mois.
Prop., Genoud Jules, Draillant.

1173 — Carouge

Sign., Robe rouge pie, face blanche.
Age, 9 ans 6 mois.
Prop., Pinaud Jules, Perrignier.

2033 — Carouge

Sign., Robe rouge, étoile.
Age, 9 ans 3 mois.
Prop., Chevallay Madeleine, Bernex.

2054 — Carouge

Sign., Robe rouge pie, blanc en tête.
Age, 7 ans 3 mois.
Prop., Chevallay Joseph, Bernex.

2058 — Carouge

Sign., Robe rouge, tête rouge.
Age, 6 ans 3 mois.
Prop., Peillex Marie, Bernex.

1456 — Cartouche

Sign., Robe pie rouge, tête blanche, principe de lunette à gauche.
Age, 4 ans 3 mois.
Prop., Marchand-Millet Jean, Châtel.

67 — Charmante

Sign., Robe rouge pie.
Age, 2 ans 7 mois.
Prop., Cottet Henri, Evian-les-Bains.

89 — Charmante

Sign., Robe rouge pie.
Age, 5 ans 3 mois.
Prop., Bartholoni Anatole, Château de Coudrée, Sciez.

805 — Charmante

Sign., Robe rouge pie, lunettes.
Age, 4 ans 8 mois.
Prop., Bel Jules, Bogève.

1287 — Charmante

Sign., Robe pie rouge, face blanche.
Age, 5 ans 8 mois.
Prop., Romand Jean, Thonon-les-Bains.

1357 — Charmante

Sign., Robe rouge pie, lunettes.
Age, 7 ans 9 mois.
Prop., Pasquier Simon, La Chapelle.

659 — Châtaigne

Sign., Robe rouge pie, tête blanche, lunette à droite.
Age, 28 mois.
Prop., Bartholoni Anatole, Château de Coudrée, Sciez.

730 — Châtaigne

Sign., Robe rouge pie, demi belle face.
Age, 3 ans 1 mois.
Prop., Dumont Gaëtan, Boëge.

61 — Chimère

Sign., Robe pie rouge.
Age, 3 ans 6 mois.
Prop., Bons Maurice, Vacheresse.

180 — Choqua

Sign., Robe rouge pie.
Age, 7 ans 9 mois.
Prop., Burnet Alexis, Maxilly.

97 — Clairette

Sign., Robe rouge pie.
Age, 4 ans 3 mois.
Prop., Tagand Joseph feu Paul, Vacheresse.

1148 — Cloche

Sign., Robe rouge pie, étoile.
Age, 2 ans 6 mois.
Prop., Vesin Félix, Thollon.

1146 — Clochette

Sign., Robe pie rouge, lunette à gauche.
Age, 28 mois.
Prop., Vesin Joseph, Thollon.

218 — Cocarde

Sign., Robe rouge pie, étoile.
Age, 7 ans 6 mois.
Prop., Mercier, Chevenoz.

348 — Cocarde

Sign., Robe rouge pie, lunettes.
Age, 4 ans 8 mois.
Prop., Trosset Julien, La Chapelle.

1065 — Cocarde

Sign., Robe rouge pie.
Age, 5 ans 7 mois.
Prop., Bartholoni Anatole, Château de Coudrée, Sciez.

1105 — Colliard

Sign., Robe rouge pie, lunettes.
Age, 4 ans 8 mois.
Prop., Ducrettet Louis, Thollon.

166 — Colonnière

Sign., Robe rouge pie.
Age, 7 ans 3 mois.
Prop., Bartholoni Anatole, Château de Coudrée, Sciez.

75 — Colombe

Sign., Robe rouge pie.
Age, 4 ans 3 mois.
Prop., Maulaz André fils de François, Abondance.

117 — Colombe

Sign., Robe rouge pie, lunettes.
Age, 4 ans 9 mois.
Prop., Monnet Gabriel, Domaine de Morillon, Thonon-les-Bains.

120 — Colombe

Sign., Robe rouge pie.
Age, 10 ans 3 mois.
Prop., Baron Blanc, Publier.

200 — Colombe

Sign., Robe pie rouge, liste.
Age, 5 ans 8 mois.
Prop., Mercier Monique, Chevenoz.

241 — Colombe

Sign., Robe pie rouge, liste.
Age, 7 ans 9 mois.
Prop., Favre-Collet François, Vacheresse.

242 — Colombe

Sign., Robe rouge pie, liste.
Age, 9 ans 9 mois.
Prop., Lolioz Jean-François, Vacheresse.

246 — Colombe

Sign., Robe rouge pie, liste.
Age, 4 ans 6 mois.
Prop., Maulaz Jean-Claude, Vacheresse.

270 — Colombe

Sign., Robe rouge pie, liste.
Age, 3 ans 8 mois.
Prop., Grenat-Petit André, Vacheresse.

298 — Colombe

Sign., Robe rouge pie, liste.
Age, 6 ans 9 mois.
Sign., Condevaux Jean-Marie, Vacheresse.

301 — Colombe

Sign., Robe rouge pie, étoile.
Age, 4 ans 8 mois.
Prop., Bons Maurice, Vacheresse.

328 — Colombe

Sign., Robe pie rouge, face blanche.
Age,   10 ans 6 mois.
Prop., Crétin Joseph, Abondance.

376 — Colombe

Sign., Robe pie rouge, lunettes.
Age,   4 ans 8 mois.
Prop., Grillet frères, La Chapelle.

431 — Colombe

Sign., Robe rouge pie.
Age,   3 ans 2 mois.
Prop., Favre Julien, La Chapelle.

444 — Colombe

Sign., Robe pie rouge, lunettes.
Age,   3 ans 9 mois.
Prop., Grillet-Mugnier François, La Chapelle.

514 — Colombe

Sign., Robe rouge pie, liste.
Age,   4 ans 8 mois.
Prop., Premat François, Biot.

948 — Colombe

Sign., Robe rouge pie, lunettes.
Age.   7 ans 9 mois.
Prop., Desuzinges Joseph, Reyvroz.

950 — Colombe

Sign.,   Robe rouge pie, lunettes.
Age,   6 ans 8 mois.
Prop.,   Vulliez François, Reyvroz.

951 — Colombe

Sign.,   Robe rouge pie, lunettes.
Age,   7 ans 9 mois.
Prop.,   Vulliez Célestin, Reyvroz.

955 — Colombe

Sign.,   Robe rouge pie, liste.
Age,   3 ans 8 mois.
Prop.,   Bondaz Julien, Reyvroz.

956 — Colombe

Sign.,   Robe rouge pie, demi belle face.
Age,   2 ans.
Prop.,   Bouget Joseph, Reyvroz.

1075 — Colombe

Sign.,   Robe pie rouge.
Age,   2 ans 8 mois.
Prop.,   Bartholoni Anatole, Château de Coudrée, Sciez.

1192 — Colombe

Sign.,   Robe rouge pie, petites lunettes.
Age,   3 ans 6 mois.
Prop.,   Constantin Jean, Perrignier.

1347 — Colombe

Sign., Robe rouge pie, étoile en tête.
Age, 4 ans 9 mois.
Prop., Girard-Noyer Amélie, Abondance.

1376 — Colombe

Sign., Robe rouge pie, étoile en tête.
Age, 22 mois.
Prop., Tupin Jean-Marie, Vacheresse.

662 — Colombe

Sign., Robe pie rouge, grande liste.
Age, 4 ans.
Prop., Crépy François, Châtel.

1479 — Colombe

Sign., Robe pie rouge, grande liste interrompue.
Age, 26 mois.
Prop., Maxit Antoine, La Chapelle.

1506 — Colombe

Sign., Robe rouge pie, tête blanche, moustaches, grande liste.
Age, 6 ans.
Prop., Command Victor, La Chapelle.

2076 — Colombe

Sign., Robe rouge pie, étoile.
Age, 27 mois.
Prop., Pinget Jean, Bernex.

81 — Comète

Sign.,   Robe rouge pie.
Age,   6 ans 3 mois.
Prop.,   Echarnier Ambroise, Publier.

156 — Comète

Sign.,   Robe rouge pie.
Age,   4 ans.
Prop.,   Bartholoni Anatole, Château de Coudrée, Sciez.

741 — Comète

Sign.,   Robe rouge pie, lunette à droite.
Age,   3 ans 5 mois.
Prop.,   Mercier François, Boëge.

930 — Comète

Sign.,   Robe pie rouge, demi belle face, lunette à droite.
Age,   8 ans 9 mois.
Prop.,   Trolliet Etienne, Bons.

82 — Comtesse

Sign.,   Robe pie rouge, étoile.
Age,   25 mois.
Prop.,   Bartholoni Anatole, Château de Coudrée, Sciez.

143 — Comtesse

Sign.,   Robe rouge pie, étoile.
Age,   8 ans 9 mois.
Prop.,   Bartholoni Anatole, Château de Coudrée, Sciez.

816 — Comtesse

Sign., Robe rouge pie, étoile, liste.
Age, 9 ans 8 mois.
Prop., Bouvier Joseph, Bogève.

1104 — Comtesse

Sign., Robe pie rouge, grande liste.
Age, 3 ans 6 mois.
Prop., Ducrettet Joseph, Thollon.

114 — Coquette

Sgn., Robe rouge pie, lunettes en principe.
Age, 29 mois.
Prop., Monnet Gabriel, Domaine de Morillon, Thonon-les-Bains.

481 — Coquette

Sign., Robe rouge pie, lunettes.
Age, 2 ans 8 mois.
Prop., Dunand André, Vacheresse.

1123 — Coquette

Sign., Robe rouge pie, grande liste.
Age, 29 mois.
Prop., Gaillet Jean-Marie, Thollon.

459 — Corniau

Sign., Robe pie rouge, lunettes.
Age, 4 ans 6 mois.
Prop., Maxit Antoine, La Chapelle.

464 — Corniau

Sign., Robe rouge pie, demi belle face.
Age, 4 ans 8 mois.
Prop., Maxit François, La Chapelle.

675 — Couronne

Sign., Robe pie rouge, tête blanche.
Age, 3 ans 3 mois.
Prop., Deremble François, Habère-Poche.

739 — Couronne

Sign., Robe rouge pie, lunettes.
Age, 5 ans 7 mois.
Prop., Charrière Pierre, Boëge.

969 — Couronne

Sign., Robe pie rouge, lunettes.
Age, 5 ans 8 mois.
Prop., Boudaz François, Reyvroz.

1239 — Couronne

Sign., Robe pie rouge, front blanc, museau rouge.
Age, 3 ans 6 mois.
Prop., Frossard Julien, Lullin.

1133 — Crispia

Sign., Robe rouge pie, face blanche.
Age, 2 ans 8 mois.
Prop., Clerc Louis, Thollon.

2026 — Cruche

Sign., Robe rouge, quelques poils blancs en tête.
Age, 3 ans 9 mois.
Prop., Chevallay Antoine, Bernex.

823 — Dartagnan

Sign., Robe rouge pie, grande liste.
Age, 6 ans 7 mois.
Prop., Pinget Joseph, Bogève.

772 — Demoiselle

Sign., Robe pie rouge, lunettes.
Age, 28 mois.
Prop., Baud-Grasset François, Bogève.

676 — Diamant

Sign., Robe rouge pie, lunette à gauche.
Age, 5 ans 9 mois.
Prop., Deremble François feu Célestin, Habère-Poche.

792 — Diamant

Sign., Robe pie rouge, lunettes.
Age, 5 ans 9 mois.
Prop., Pinget François feu Alphonse, Bogève.

1068 — Diamant

Sign., Robe pie rouge.
Age, 3 ans 7 mois.
Prop., Bartholoni Anatole, Château de Coudrée, Sciez.

165 — Dindon

Sign.,   Robe pie rouge.
Age,   5 ans.
Prop., Bartholoni Anatoli, Château de Coudrée, Sciez.

668 — Divonne

Sign.,   Robe rouge pie, demi belle face.
Age,   5 ans 7 mois.
Prop., Mermain Alphonse, Habère-Poche.

810 — Divonne

Sign.,   Robe rouge pie, lunettes.
Age,   4 ans 7 mois.
Prop., Bouvier Joseph, Bogève.

822 — Divonne

Sign.,   Robe rouge pie, grande liste.
Age,   6 ans 8 mois.
Prop., Bel Célestin, Bogève.

1036 — Divonne

Sign.,   Robe rouge pie, belle face.
Age,   9 ans 6 mois.
Prop., Bossus Louis, Maugny.

1289 — Doucette

Sign.,   Robe pie rouge.
Age,   2 ans 9 mois.
Prop., Papaz Léon, Thonon-les-Bains.

155 — Dragon

Sign., Robe pie rouge.
Age, 4 ans 7 mois.
Prop., Bartholoni Anatole, Château de Coudrée, Sciez.

1203 — Dragon

Sign., Robe rouge pie, tête blanche, lunettes.
Age, 3 ans 9 mois.
Prop., Piccot Anselme, Lullin.

1233 — Dragon

Sign., Robe rouge pie, tête blanche.
Age, 5 ans 8 mois.
Prop., Dupraz François feu Jean, Lullin.

747 — Dragon

Sign., Robe rouge pie, tête blanche.
Age, 3 ans.
Prop., Pinget Eugène, Boëge.

804 — Dragon dit Bouquet

Sign., Robe rouge pie, lunettes.
Age, 6 ans 2 mois.
Prop., Pinget Charles, Bogève.

1249 — Dragon

Sign., Robe rouge, liste.
Age, 6 ans 3 mois.
Prop., Piccot Joseph frères, Lullin.

1265 — Dragon

Sign., Robe rouge, tête blanche.
Age, 3 ans 4 mois.
Prop., Violet Julien, Lullin.

1272 — Dragon

Sign., Robe rouge, tête blanche, lunettes.
Age, 5 ans 10 mois.
Prop., Piccot Marie-Célestin, Lullin.

1298 — Dragon

Sign., Robe pie rouge.
Age, 27 mois.
Prop., Girard-Noyer Amélie, Abondance.

1306 — Dragon

Sign., Robe rouge pie, blanc plaqué.
Age, 3 ans 3 mois.
Prop., Crétin Joseph, Abondance.

1381 — Dragon

Sign., Robe rouge pie, tête blanche, lunette à gauche.
Age, 3 ans 9 mois.
Prop., Blanc Joseph, au Mont, Abondance.

1470 — Dragon

Sign., Robe rouge pie, lunettes, sangle blanche.
Age, 3 ans 8 mois.
Prop., Veuve Brélaz née Folliet, La Chapelle.

1495 — Dragon

Sign., Robe rouge pie, grande liste, lunettes.
Age, 3 ans 2 mois.
Prop., Marchand Ambroise, La Chapelle.

1539 — Dragon

Sign., Robe rouge pie, lunettes, moustaches.
Age, 4 ans 1 mois.
Prop., Piccot Julien, Lullin.

225 — Dragonne

Sign., Robe rouge pie, face blanche.
Age, 2 ans 10 mois.
Prop., Dumont Athanase, Chevenoz.

230 — Dragonne

Sign., Robe rouge pie.
Age, 4 ans 9 mois.
Prop., Tagand Alexandre, Vacheresse.

249 — Dragonne

Sign., Robe rouge pie, lunettes.
Age, 4 ans 8 mois.
Prop., Tagand Joseph, Vacheresse.

258 — Dragonne

Sign., Robe rouge pie, lunettes.
Age, 6 ans 9 mois.
Prop., Dunand André, Vacheresse.

280 — Dragonne

Sign., Robe rouge pie, lunettes.
Age,   2 ans 9 mois.
Prop., Mercier André, Chevenoz.

305 — Dragonne

Sign., Robe rouge pie, lunettes.
Age,   2 ans 9 mois.
Prop., Tagand François, Vacheresse.

351 — Dragonne

Sign., Robe rouge pie, tête rouge.
Age,   6 ans 8 mois.
Prop., David Claude, La Chapelle.

364 — Dragonne

Sign., Robe rouge pie, demi belle face.
Age,   5 ans 8 mois.
Prop., Command François feu Antoine, La Chapelle.

423 — Dragonne

Sign., Robe rouge pie, lunettes.
Age,   9 ans 8 mois.
Prop., Trosset Joseph-Julien, La Chapelle.

441 — Dragonne

Sign., Robe rouge pie, tête blanche.
Age,   6 ans 8 mois.
Prop., Grillet-Mugnier François, La Chapelle.

463 — Dragonne

Sign., Robe rouge pie, belle face.
Age, 10 ans 9 mois.
Prop., Maxit François, La Chapelle.

498 — Dragonne

Sign., Robe rouge pie, lunettes.
Age, 4 ans 2 mois.
Prop., Requet Jean-Baptiste, Biot.

766 — Dragonne

Sign., Robe rouge pie, lunette à droite.
Age, 6 ans 7 mois.
Prop., Bouvier Célestin, Bogève.

781 — Dragonne

Sign., Robe rouge pie, lunettes.
Age, 8 ans 7 mois.
Prop., Fontaine Etienne, Bogève.

848 — Dragonne

Sign., Robe rouge pie, liste.
Age, 9 ans 7 mois.
Prop., Guichard Jean, Jussy-Sciez.

2020 — Dragonne

Sign., Robe rouge pie, liste déviée à gauche.
Age, 3 ans 2 mois.
Prop., Pinget Joseph feu François, Bernex.

2034 — Dragonne

Sign.,   Robe rouge pie, étoile irrégulière.
Age,   3 ans 2 mois.
Prop.,   Bireaux Eugène, Bernex.

2055 — Dragonne

Sign.,   Robe pie rouge, tête blanche.
Age,   2 ans 6 mois.
Prop.,   Chevallay Joseph, Bernex.

198 — Drapeau

Sign.,   Robe pie rouge, lunettes.
Age,   5 ans 9 mois.
Prop.,   Vernaz Emile, Chevenoz.

253 — Drapeau

Sign.,   Robe rouge pie, étoile.
Age,   4 ans 8 mois.
Prop.,   Tagand Louis feu Joseph, Vacheresse.

254 — Dragonne

Sign.,   Robe rouge pie, face blanche, lunettes.
Age,   3 ans 7 mois.
Prop.,   Tagand Joseph, Vacheresse.

337 — Drapeau

Sign.,   Robe pie rouge, 1 lunette.
Age,   2 ans 8 mois.
Prop.,   Folliet André, Abondance.

411 — Drapeau

Sign., Robe rouge pie, étoile.
Age, 10 ans 6 mois.
Prop., Command Victor, La Chapelle.

452 — Drapeau

Sign., Robe rouge pie, tête blanche.
Age, 7 ans 8 mois.
Prop., Command François feu François, La Chapelle.

573 — Drapeau

Sign., Robe rouge pie, tête blanche.
Age, 3 ans 8 mois.
Prop., Baud Claude-François, Morzine.

917 — Drapeau

Sign., Robe rouge pie, étoile.
Age, 5 ans 7 mois.
Prop., Dunand Alexandre, Loisin.

1358 — Drapeau

Sign., Robe rouge pie, lunettes.
Age, 7 ans 9 mois.
Prop., Peillex François, Abondance.

1412 — Drapeau

Sign., Robe pie rouge, étoile.
Age, 4 ans.
Prop., Grillet Louis-Jean, Châtel.

1432 — Drapeau

Sign.,   Robe rouge pie, grande liste, lunette à gauche, moustaches.
Age,   3 ans 2 mois.
Prop.,   Cruz Ambroise, Châtel.

1485 — Drapeau

Sign.,   Robe pie rouge, grande liste.
Age,   5 ans.
Prop.,   Blanc François feu Claude, La Chapelle.

1504 — Drapeau

Sign.,   Robe rouge pie, liste déviée à gauche.
Age,   2 ans 6 mois.
Prop.,   Command Victor, La Chapelle.

150 — Duchesse

Sign.,   Robe pie rouge.
Age,   5 ans 9 mois.
Prop.,   Bartholoni Anatole, Château de Coudrée, Sciez.

864 — Duchesse

Sign.,   Robe rouge pie.
Age,   6 ans 7 mois.
Prop.,   Charmot René, Jussy-Sciez.

54 — Eglantine

Sign.,   Robe pie rouge.
Age,   3 ans 9 mois.
Prop.,   Berthet Ambroise, Abondance.

60 — Elsa

Sign., Robe pie rouge.
Age, 3 ans 5 mois.
Prop., Bons Maurice, Vacheresse.

1342 — Emballée

Sign., Robe rouge pie, liste en tête.
Age, 5 ans 9 mois.
Prop., Command-David Suvaire, La Chapelle.

1071 — Emélie

Sign., Robe pie rouge.
Age, 2 ans 8 mois.
Prop., Bartholoni Anatole, Château de Coudrée, Sciez.

1294 — Espiègle

Sign., Robe pie rouge, tête blanche.
Age, 25 mois.
Prop., Piccut Jean, Massongy.

2017 — Etaillon

Sign., Robe rouge pie, croissant à droite.
Age, 8 ans 2 mois.
Prop., Bireaux Antoine, Bernex.

2048 — Etaillon

Sign., Robe rouge pie, étoile.
Age, 6 ans 3 mois.
Prop., Mouthon François, Bernex.

2061 — Etaillon

Sign.,   Robe rouge pie, étoile.
Age,   3 ans 2 mois.
Prop., Chevallay André-Gaspard, Bernex.

189 — Etoile

Sign.,   Robe rouge pie, étoile.
Age,   3 ans 9 mois.
Prop., Fleury Joseph, St-Paul.

233 — Etoile

Sign.,   Robe rouge, étoile.
Age,   3 ans.
Sign., Favre Augustin, Vacheresse.

251 — Etoile

Sign.,   Robe pie rouge, étoile.
Age,   2 ans 7 mois.
Prop., Tagand Joseph, Vacheresse.

492 — Etoile

Sign.,   Robe rouge pie, étoile irrégulière.
Age,   3 ans 2 mois.
Prop., Bron Jean-François, Vacheresse.

545 — Etoile

Sign.,   Robe rouge pie, étoile.
Age,   9 ans 7 mois.
Prop., Baud Antoine feu Philibert, Morzine.

589 — Etoile

Sign.,   Robe pie rouge, étoile.
Age,   7 ans 7 mois.
Prop.,   Vulliez, Maire, La Baume.

591 — Etoile

Sign.,   Robe rouge pie, étoile.
Age,   2 ans 6 mois.
Prop.,   Jordan Elie, Collonges.

838 — Etoile

Sign.,   Robe pie rouge, étoile.
Age,   23 mois 1/2.
Prop.,   Morin Emile, Margencel.

852 — Etoile

Sign.,   Robe pie rouge, étoile.
Age,   3 ans 6 mois.
Prop.,   Guichard Jean, Jussy-Sciez.

889 — Etoile

Sign.,   Robe rouge pie, étoile.
Age,   6 ans 6 mois.
Prop.,   Boulens François, Douvaine.

927 — Etoile

Sign.,   Robe rouge pie.
Age,   5 ans 6 mois.
Prop.,   Baud Lucien, Bons.

929 — Etoile

Sign.,　Robe rouge pie, étoile.
Age,　5 ans 7 mois.
Prop.,　Trolliet Etienne, Bons.

1073 — Etoile

Sign.,　Robe rouge pie, étoile.
Age,　25 mois.
Prop.,　Bartholoni Anatole, Château de Coudrée, Sciez.

1092 — Etoile

Sign.,　Robe rouge pie, étoile.
Age,　4 ans 2 mois.
Prop.,　Roch Marie, Thollon.

1097 — Etoile

Sign.,　Robe pie rouge, étoile.
Age,　29 mois.
Prop.,　Gaillet Bernard, Thollon.

1103 — Etoile

Sign.,　Robe rouge pie, étoile.
Age,　2 ans 8 mois.
Prop.,　Perray François, Thollon.

1132 — Etoile

Sign.,　Robe rouge pie, étoile.
Age,　3 ans 2 mois.
Prop.,　Clerc Louis, Thollon.

1156 — Etoile

Sign., Robe rouge pie, étoile.
Age, 2 ans 8 mois.
Prop., Vesin Marie-François, Thollon.

637 — Etoile

Sign., Robe rouge pie, étoile.
Age, 27 mois.
Prop., Bartholoni Anatole, Château de Coudrée, Sciez.

2071 — Etoile

Sign., Robe rouge pie, étoile.
Age, 2 ans 6 mois.
Prop., Buttay André Marchand, Bernex.

2081 — Etoile

Sign., Robe rouge pie, étoile.
Age, 11 ans 3 mois.
Prop., Peillex Marie, Bernex.

2083 — Etoile

Sign., Robe rouge pie, étoile.
Age, 27 mois.
Prop., Peillex Marie, Bernex.

1291 — Extravagante

Sign., Robe pie rouge.
Age, 28 mois.
Prop., Veillet François, Lullin.

1345 — Extravagante

Sign.,   Robe rouge pie, lunette à droite.
Age,   3 ans 10 mois.
Prop., Blanc François, au Mont, Abondance.

98 — Fanny

Sign ,   Robe pie rouge.
Age,   4 ans 9 mois.
Prop., Cranchi Antoine, Marin.

102 — Fauvette

Sign.,   Robe pie rouge.
Age,   3 ans 9 mois.
Prop., Molliet Edouard, Villard.

654 — Félicie

Sign.,   Robe rouge pie, demi belle face.
Age,   2 ans 11 mois.
Prop., Bartholoni Anatole, Château de Coudrée, Sciez.

1359 — Fenétron

Sign.,   Robe rouge, tachetée en tête.
Age,   2 ans 9 mois.
Prop., Gagneux Michel, Abondance.

960 — Fignolette

Sign.,   Robe rouge pie, lunettes.
Age,   10 ans 7 mois.
Prop., Colloud Joseph feu François, Reyvroz.

1004 — Fignolette

Sign., Robe pie rouge, lunettes.
Age, 10 ans 6 mois.
Prop., Tozieu Frédéric, Bons.

1240 — Fignolette

Sign., Robe rouge, liste en tête, lunettes.
Age, 2 ans 9 mois.
Prop., Frossard Julien, Lullin.

1252 — Fignolette

Sign., Robe rouge pie, étoile.
Age, 26 mois.
Prop., Veillet François, Lullin.

1007 — Fize

Sign., Robe rouge pie, lunettes.
Age, 7 ans 7 mois.
Prop., Morel Joseph, Vailly.

119 — Fleurette

Sign., Robe pie rouge.
Age, 5 ans 3 mois.
Prop., Baron Blanc, Publier.

1199 bis — Fleurette

Sign., Robe rouge pie, étoile en tête.
Age, 4 ans 9 mois.
Prop., Vuattoux Morin-François, Lullin.

1223 — Fleurette

Sign.,   Robe rouge pie, liste.
Age,   4 ans 9 mois.
Prop.,   Vuattoux Claude, Lullin.

686 — Fleurette

Sign.,   Robe pie rouge, lunette à droite.
Age,   3 ans 2 mois.
Prop.,   Mamet Lucien, Habère-Poche.

707 — Fleurette

Sign.,   Robe rouge pie, front blanc.
Age,   2 ans 5 mois.
Prop.,   Mouthon François-Marie, Villard.

719 — Fleurette

Sign.,   Robe pie rouge, lunettes.
Age,   9 ans 7 mois.
Prop.,   Dufour Joseph-François, Villard.

851 — Fleurette

Sign.,   Robe rouge pie, lunettes.
Age,   2 ans 7 mois.
Prop.,   Guichard Jean, Jussy-Sciez.

935 — Fleurette

Sign.,   Robe rouge pie, front blanc.
Age,   2 ans 7 mois.
Prop.,   Desuzinges Victor, Reyvroz.

1009 — Fleurette

Sign., Robe pie rouge, lunettes.
Age, 4 ans 7 mois.
Prop., Favre Augustin, Vailly.

1051 — Fleurette

Sign., Robe rouge pie, belle face.
Age, 3 ans 6 mois.
Prop., Ducret François-Marie, Draillant.

1054 — Fleurette

Sign., Robe rouge pie, grande liste.
Age, 4 ans 2 mois.
Prop., Ducret Célestin, Draillant.

1057 — Fleurette

Sign., Robe rouge pie, lunettes.
Age, 2 ans 7 mois.
Prop., Jordan Maurice, Draillant.

1077 — Fleurette

Sign., Robe rouge pie, lunette à gauche, tête blanche.
Age, 4 ans.
Prop., Davet Charles, Evian-les-Bains.

1243 — Fleurette

Sign., Robe rouge pie, lunette à gauche.
Age, 28 mois.
Prop., Degenève Julien feu Claude, Lullin.

1259 — Fleurette

Sign., Robe rouge pie, étoile.
Age, 26 mois.
Prop., Vuattoux Joseph-Marie, Lullin.

1384 — Fleurette

Sign., Robe rouge pie, étoile.
Age, 3 ans 6 mois.
Prop., Portier Louis, Mesinges.

1516 — Fleurette

Sign., Robe pie rouge, tête blanche, lunettes, moustaches.
Age, 26 mois.
Prop., Dupraz Jean-Marie, Lullin.

1549 — Fleurette

Sign., Robe pie rouge, tête blanche.
Age, 5 ans 2 mois.
Prop., Dupraz Edouard, Lullin.

2024 — Fleurie

Sign., Robe rouge pie, tête blanche.
Age, 7 ans 2 mois.
Prop., Chevallay Antoine Ducrot, Bernex.

62 — Fleurie

Sign., Robe rouge pie.
Age, 3 ans 5 mois.
Prop., Dunand Emmanuel, Vacheresse.

149 — Fleurie

Sign.,   Robe pie rouge, lunettes.
Age,   8 ans 9 mois.
Prop.,   Bartholoni Anatole, Château de Coudrée, Sciez.

157 — Fleurie

Sign.,   Robe pie rouge.
Age,   6 ans 9 mois.
Prop.,   Bartholoni Anatole, Château de Coudrée, Sciez.

177 — Fleurie

Sign.,   Robe rouge pie.
Age,   6 ans 8 mois.
Prop.,   Levray Charles, Lugrin.

197 — Fleurie

Sign.,   Robe pie rouge, lunettes.
Age,   6 ans 8 mois.
Prop.,   Sache Jérémie, Chevenoz.

224 — Fleurie

Sign.,   Robe rouge pie, face blanche.
Age,   6 ans 7 mois.
Prop.,   Dumont Athanase, Vacheresse.

227 — Fleurie

Sign.,   Robe rouge pie, étoile.
Age,   2 ans 11 mois.
Prop.,   Cettour Joseph, Chevenoz.

256 — Fleurie

Sign., Robe rouge pie, lunettes.
Age, 5 ans 7 mois.
Prop., Bouvier Jean feu Louis, Vacheresse.

257 — Fleurie

Sign., Robe pie rouge, lunettes.
Age, 6 ans 8 mois.
Prop., Dunand André, Vacheresse.

1201 — Fleurie

Sign., Robe rouge pie, tête blanche.
Age, 8 ans 9 mois.
Prop., Piccot Anselme, Lullin.

1229 — Fleurie

Sign., Robe rouge pie, étoile.
Age, 4 ans 8 mois.
Prop., Frossard Joseph, Lullin.

1235 — Fleurie

Sign., Robe rouge pie, liste, lunettes.
Age, 2 ans 9 mois.
Prop., Roche Joseph-Baptiste, Lullin.

297 — Fleurie

Sign., Robe rouge pie, face blanche.
Age, 2 ans 7 mois.
Prop., Condevaux Jean-Marie, Vacheresse.

313 — Fleurie

Sign.,   Robe rouge pie, étoile.
Age,   8 ans 8 mois.
Prop.,   Dépotex Ignace, Abondance.

377 — Fleurie

Sign.,   Robe pie rouge, lunettes.
Age,   4 ans 7 mois.
Prop.,   Grillet frères, La Chapelle.

387 — Fleurie

Sign.,   Robe rouge pie, lunettes.
Age,   3 ans 7 mois.
Prop.,   Maxit Eugène, La Chapelle.

407 — Fleurie

Sign.,   Robe rouge pie, lunettes.
Age,   6 ans 7 mois.
Prop.,   Command Victor, La Chapelle.

421 — Fleurie

Sign.,   Robe rouge pie, lunettes.
Age,   4 ans 8 mois.
Prop.,   Boccard François feu Pierre, La Chapelle.

465 — Fleurie

Sign.,   Robe rouge pie, demi belle face.
Age,   4 ans 7 mois.
Prop.,   Maxit François, La Chapelle.

487 — Fleurie

Sign.,   Robe rouge pie, lunettes.
Age,   6 ans 8 mois.
Sign.,   Bochet Jean, Vacheresse.

499 — Fleurie

Sign.,   Robe rouge pie, tête blanche.
Age,   6 ans 7 mois.
Prop.,   Monard Eugène, Biot.

535 — Fleurie

Sign.,   Robe rouge pie, liste à gauche.
Age,   9 ans 6 mois.
Prop.,   Delale François, Biot.

615 — Fleurie

Sign.,   Robe pie rouge, liste.
Age,   7 ans 6 mois.
Prop.,   Reymond François, Publier.

677 — Fleurie

Sign.,   Robe pie rouge, lunettes.
Age,   4 ans 2 mois.
Prop.,   Frossard Cyrille, Habère-Lullin.

685 — Fleurie

Sign.,   Robe pie rouge, lunettes.
Age,   28 mois.
Prop.,   Mamet François, Habère-Poche.

702 — Fleurie

Sign.,   Robe pie rouge, tête blanche.
Age,   3 ans.
Prop., Pinget Edouard, Villard-sur-Boëge.

715 — Fleurie

Sign.,   Robe rouge pie, lunettes.
Age,   8 ans 6 mois.
Prop., Buthet Alphonse, Villard.

720 — Fleurie

Sign.,   Robe pie rouge, et lunettes.
Age,   7 ans 6 mois.
Prop., Dufour Joseph-François, Villard-sur-Boëge.

771 — Fleurie

Sign.,   Robe pie rouge, grande liste.
Age,   27 mois.
Prop., Bovet Jules, Bogève.

837 — Fleurie

Sign.,   Robe rouge pie, tête truitée.
Age,   3 ans 6 mois.
Prop., Beguin Louis, Anthy.

881 — Fleurie

Sign.,   Robe rouge pie, lunettes.
Age,   5 ans 6 mois.
Prop., Rossiaud, Douvaine.

884 — Fleurie

Sign., Robe rouge pie, lunettes.
Age, 5 ans 6 mois.
Prop., Jacquier Germain, Douvaine.

885 — Fleurie

Sign., Robe rouge pie, tête blanche.
Age, 4 ans 6 mois.
Prop., Couty Philibert, Douvaine.

898 — Fleurie

Sign., Robe rouge pie, lunettes.
Age, 7 ans 6 mois.
Prop., Genoud François, Douvaine.

923 — Fleurie

Sign., Robe rouge pie, tête blanche.
Age, 5 ans 7 mois.
Prop., Vignier Alexandre, Loisin.

957 — Fleurie

Sign., Robe rouge pie, lunettes.
Age, 28 mois.
Prop., Vulliez Claude, Reyvroz.

981 — Fleurie

Sign., Robe rouge pie, lunettes.
Age, 7 ans 6 mois.
Prop., Favre François, Vailly.

982 — Fleurie

Sign., Robe rouge pie, lunettes.
Age, 6 ans 6 mois.
Prop., Châtelain François, Vailly.

990 — Fleurie

Sign., Robe pie rouge, demi lunette à gauche.
Age, 4 ans 7 mois.
Prop., Bouvier Joseph, Vailly.

1040 — Fleurie

Sign., Robe pie rouge, lunette à gauche.
Age, 8 ans 6 mois.
Prop., Pinaud François, Maugny.

1050 — Fleurie

Sign., Robe pie rouge, belle face.
Age, 2 ans 9 mois.
Prop., Vuattoux François, Draillant.

1115 — Fleurie

Sign., Robe rouge pie, tête blanche.
Age, 3 ans.
Prop., Arandel Joseph feu Jean-Pierre, Thollon.

1124 — Fleurie

Sign., Robe rouge pie, étoile.
Age, 27 mois.
Prop., Gaillet Jean-Marie, Thollon.

1162 — Fleurie

Sign.,   Robe rouge pie, lunettes.
Age,   4 ans 6 mois.
Prop.,   Vindret Marie, Perrignier.

1167 — Fleurie

Sign.,   Robe pie rouge, lunettes.
Age,   8 ans 6 mois.
Prop.,   Veuve Deconche Louis, Perrignier.

1242 — Fleurie

Sign.,   Robe rouge pie, lunettes.
Age,   5 ans 9 mois.
Prop.,   Degenève Joseph-Albert, Lullin.

1253 — Fleurie

Sign.,   Robe rouge pie, tête blanche.
Age,   25 mois.
Prop.,   Dupraz Jean, Lullin.

1198 — Fleurie

Sign.,   Robe rouge pie, grande liste.
Age,   6 ans 2 mois.
Prop.,   Bron André, Bernex.

1507 — Fleurie

Sign.,   Robe pie rouge, tête blanche, lunettes, moustaches.
Age,   7 ans 2 mois.
Prop.,   Command Victor, La Chapelle.

1518 — Fleurie

Sign., Robe pie rouge, tête blanche, lunettes, moustaches.
Age, 2 ans.
Prop., Charles Victorine, Lullin.

1524 — Fleurie

Sign., Robe pie rouge, tête blanche, principe de lunettes.
Age, 3 ans 1 mois.
Prop., Vuattoux Joseph-Julien, Lullin.

1563 — Fleurie

Sign., Robe pie rouge, lunettes.
Age, 3 ans.
Prop., Carraud Basile, Séchy-Allinges.

2000 — Fleurie

Sign., Robe rouge pie, étoile.
Age, 2 ans 9 mois.
Prop., Buttay André, Bernex.

2009 — Fleurie

Sign., Robe rouge pie, lunettes.
Age, 6 ans 2 mois.
Prop., Arandel Joseph, Bernex.

2016 — Fleurie

Sign., Robe rouge pie, étoile irrégulière.
Age, 7 ans 2 mois.
Prop., Bireaux Antoine Loulou, Bernex.

2024 — Fleurie

Sign., Robe rouge pie, tête blanche.
Age, 7 ans 3 mois.
Prop., Chevalláy Antoine Ducrot, Bernex.

2030 — Fleurie

Sign., Robe rouge pie, lunette droite en principe.
Age, 26 mois.
Prop., Dutruel Aimé, Bernex.

2032 — Fleurie

Sign., Robe pie rouge, tête blanche.
Age, 5 ans 3 mois.
Prop., Blanc François feu Aimé, Bernex.

2049 — Fleurie

Sign., Robe pie rouge, tête blanche.
Age, 7 ans 3 mois.
Prop., Bireaux Joseph, Bernex.

2074 — Fleurie

Sign., Robe rouge pie, grande liste.
Age, 29 mois.
Prop., Buttay Maurice, Bernex.

2080 — Fleurie

Sign., Robe rouge pie, lunettes.
Age, 6 ans 3 mois.
Prop., Peillex André, Bernex.

2086 — Fleurie

Sign., Robe pie rouge, grande liste.
Age, 2 ans 9 mois.
Prop., Chevallay Michel, Bernex.

725 — Fleurine

Sign., Robe rouge pie, lunettes.
Age, 6 ans 7 mois.
Prop., Mouchet Alphonse, Villard.

758 — Fleurine

Sign., Robe rouge pie, étoile.
Age, 4 ans 1 mois.
Prop., Baud-Grasset François, Bogève.

796 — Fleurine

Sign., Robe pie rouge, lunettes.
Age, 4 ans 1 mois.
Prop., Tardy Célestin, Bogève.

797 — Fleurine

Sign., Robe pie rouge, lunette droite.
Age, 6 ans 6 mois.
Prop., Goy Joseph, Bogève.

801 — Fleurine

Sign., Robe pie rouge, tête blanche.
Age, 6 ans 6 mois.
Prop., Baud-Berthier Joseph, Bogève.

818 — Fleurine

Sign., Robe rouge pie, lunettes.
Age, 7 ans 6 mois.
Prop., Chardon Hippolyte, Bogève.

829 — Fleurine

Sign., Robe rouge pie, lunettes.
Age, 4 ans 6 mois.
Prop., Chardon Edouard, Bogève.

839 — Fleurine

Sign., Robe pie rouge, lunettes.
Age, 3 ans 1 mois.
Prop., Durand Antoine, Lausenettaz.

1267 — Fleurine

Sign., Robe rouge, étoile allongée.
Age, 5 ans.
Prop., Veuve Dupraz-Bidal Marie, Lullin.

1269 — Fleurine

Sign., Robe rouge pie, liste, lunettes.
Age, 5 ans 9 mois.
Prop., Piccot Julien, Lullin.

50 — Flora

Sign., Robe rouge pie.
Age, 8 ans 9 mois.
Prop., Michaud Apolonie, Vacheresse.

90 — Flora

Sign., Robe pie rouge.
Age,   9 ans 2 mois.
Prop., Bartholoni Anatole, Château de Coudrée, Sciez.

87 — Florence

Sign., Robe pie rouge.
Age,   5 ans 3 mois.
Prop., Bartholoni Anatole, Château de Coudrée, Sciez.

226 — Florence

Sign., Robe rouge pie, face blanche.
Age,   3 ans 3 mois.
Prop., Cettour Joseph, Chevenoz.

1219 — Florence

Sign., Robe rouge pie.
Age,   2 ans 6 mois.
Prop., Degenève Joseph, Lullin.

1228 — Florence

Sign., Robe rouge pie, étoile.
Age,   4 ans 10 mois.
Prop., Frossard Joseph, Lullin.

309 — Florence

Sign., Robe pie rouge, face blanche.
Age,   4 ans 3 mois.
Prop., Aubert François, Abondance.

391 — Florence

Sign., Robe pie rouge, lunette à gauche.
Age, 3 ans 8 mois.
Prop., Command Ambroise, La Chapelle.

474 — Florence

Sign., Robe pie rouge, grande liste.
Age, 3 ans 2 mois.
Prop., Marchand Claude, Châtel.

478 — Florence

Sign., Robe pie rouge, liste.
Age, 3 ans 7 mois.
Prop., Michoux Pierre, Vacheresse.

502 — Florence

Sign., Robe rouge pie, tête blanche.
Age, 3 ans 7 mois.
Prop., Cottet Maurice, Biot.

572 — Florence

Sign., Robe rouge pie, tête blanche.
Age, 3 ans 6 mois.
Prop., Baud Claude-François, Morzine.

646 — Florence

Sign., Robe rouge pie, truitée.
Age, 5 ans.
Prop., Bartholoni Anatole, Château de Coudrée, Sciez.

695 — Florence

Sign., Robe pie rouge, lunettes.
Age, 29 mois.
Prop., Mudry Ferdinand, Villard.

703 — Florence

Sign., Robe rouge pie, étoile.
Age, 7 ans 7 mois.
Prop., Dufour Joseph, Villard-sur-Boëge.

723 — Florence

Sign., Robe rouge pie, lunettes.
Age, 29 mois.
Prop., Mouchet Alphonse, Villard-sur-Boëge.

728 — Florence

Sign., Robe rouge pie, lunette à gauche.
Age, 8 ans 7 mois.
Prop., Molliet Edouard, Villard-sur-Boëge.

746 — Florence

Sign., Robe rouge pie, lunettes.
Age, 3 ans 3 mois.
Prop., Dotti Joseph, Bogève.

753 — Florence

Sign., Robe pie rouge, tête blanche.
Age, 5 ans 7 mois.
Prop., Condevaux Eugène, Boëge.

952 — Florence

Sign., Robe rouge pie, lunettes.
Age, 10 ans 6 mois.
Prop., Vulliez Célestin, Reyvroz.

964 — Florence

Sign., Robe rouge pie, demi belle face.
Age, 10 ans 6 mois.
Prop., Desuzinges François, Reyvroz.

976 — Florence

Sign., Robe rouge pie, grande liste.
Age, 5 ans 6 mois.
Prop., Chevallay, Conseiller, Vailly.

1045 — Florence

Sign., Robe rouge pie, lunettes.
Age, 3 ans.
Prop., Mermaz François, Draillant.

1048 — Florence

Sign., Robe rouge pie, lunettes.
Age, 6 ans 6 mois.
Prop., Hudry Pierre, Draillant.

1176 — Florence

Sign., Robe rouge pie, lunettes.
Age, 5 ans 6 mois.
Prop., Lacroix Louis, Perrignier.

1247 — Florence

Sign., Robe rouge pie, liste.
Age, 2 ans.
Prop., Meynet Jean-Daniel, Lullin.

1379 — Florence

Sign., Robe pie rouge, tête blanche, lunettes.
Age, 3 ans 8 mois.
Prop., Mottiez Jean-Marie, Vacheresse.

1486 — Florence

Sign., Robe rouge pie, lunettes, moustaches
Age, 6 ans 2 mois.
Prop., Blanc François feu Claude, La Chapelle.

2041 — Florence

Sign., Robe rouge pie, grande liste.
Age, 2 ans 6 mois.
Prop., Jacquier Joseph, Bernex.

2079 — Florence

Sign., Robe rouge pie, liste.
Age, 3 ans 3 mois.
Prop., Peillex André, Bernex.

2082 — Florence

Sign., Robe rouge pie, étoile.
Age, 27 mois.
Prop., Peillex Marie, Bernex.

2087 — Florence

Sign., Robe rouge pie, lunettes.
Age, 2 ans 7 mois.
Prop., Chevallay Joseph, Bernex.

92 — Floria

Sign., Robe rouge pie.
Age, 2 ans 9 mois.
Prop., Favre Jules, Massongy.

592 — Floria

Sign., Robe pie rouge, face blanche.
Age, 27 mois.
Prop., Jordan Elie, Collonges.

600 — Floria

Sign., Robe rouge pie, lunettes.
Age, 10 ans 6 mois.
Prop., Lochon Auguste, Allinges.

601 — Floria

Sign., Robe rouge pie, tête blanche.
Age, 6 ans 6 mois.
Prop., Bondaz Joseph, Allinges.

603 — Floria

Sign., Robe rouge pie, lunette à droite.
Age, 5 ans 6 mois.
Prop., Depraz Jean, Tully.

708 — Floria

Sign., Robe pie rouge, tête truitée.
Age, 5 ans 6 mois.
Prop., Mouthon François-Marie, Villard.

760 — Floria

Sign., Robe pie rouge, tête blanche.
Age, 5 ans 6 mois.
Prop., Goy François, Bogève.

844 — Floria

Sign., Robe pie rouge, tête blanche.
Age, 6 ans.
Prop., Girod Marie, Anthy.

846 — Floria

Sign., Robe pie rouge, demi belle face.
Age, 4 ans 6 mois.
Prop., Châtelet François, Jouvernex.

873 — Floria (Jaillette)

Sign., Robe pie rouge, lunette à droite.
Age, 2 ans 11 mois.
Prop., Jordan Basile-Marie, Sciez.

1035 — Floria

Sign., Robe rouge pie, lunettes.
Age, 5 ans 6 mois.
Prop., Bossus Louis, Maugny, Draillant.

1041 — Floria

Sign., Robe rouge pie, tête blanche.
Age, 8 ans 6 mois.
Prop., Favre Joseph, Maugny.

1180 — Floria

Sign., Robe rouge pie, lunettes.
Age, 4 ans 6 mois.
Prop., Moynat François, Perrignier.

1193 — Floria

Sign., Robe rouge pie, tête blanche.
Age, 2 ans 6 mois.
Prop., Lépine Louis, Perrignier.

1558 — Floria

Sign., Robe pie rouge, tête blanche.
Age, 2 ans.
Prop., Suchet Jean-Marie, Marignan-Sciez.

134 — Florine

Sign., Robe pie rouge, nez blanc et queue blanche.
Age, 7 ans 6 mois.
Prop., Blanchard François, Thonon-les-Bains.

1206 — Florine

Sign., Robe rouge pie, tête blanche.
Age, 2 ans 4 mois.
Prop., Degenève François, Lullin.

1078 — Fontaine

Sign., Robe rouge pie, étoile en tête.
Age, 5 ans 10 mois.
Prop., Davet Charles, Evian-les-Bains.

640 — France

Sign., Robe pie rouge, liste.
Age, 3 ans 6 mois.
Prop., Bartholoni Anatole, Château de Coudrée, Sciez.

504 — Françon

Sign., Robe rouge pie, étoile.
Age, 2 ans 6 mois.
Prop., Requet Jean, Biot.

1002 — Fribanne

Sign., Robe pie rouge, grande liste.
Age, 8 ans 6 mois.
Prop., Bidal François, Vailly.

1215 — Fribourg

Sign., Robe rouge pie, tête blanche.
Age, 3 ans 2 mois.
Prop., Frossard Lucien, Lullin.

1341 — Fripon

Sign., Robe rouge pie, lunettes.
Age, 5 ans 10 mois.
Prop., Boccard-Blandin Jean, La Chapelle.

55 — Friponne

Sign., Robe pie rouge.
Age, 4 ans 9 mois.
Prop., Berthet Ambroise, Abondance.

799 — Frisette

Sign., Robe pie rouge, tête blanche.
Age, 5 ans 6 mois.
Prop., Chardon Jules-Antoine, Bogève.

1010 — Frisette

Sign., Robe pie rouge, liste.
Age, 2 ans 10 mois.
Prop., Favre Augustin, Vailly.

110 — Frison

Sign., Robe rouge pie, grande liste sur le dos.
Age, 7 ans 3 mois.
Prop., Monnet Gabriel, Domaine de Morillon, Thonon-les-Bains.

339 — Frison

Sign., Robe pie rouge, liste.
Age, 6 ans 8 mois.
Prop., Trosset François, La Chapelle.

406 — Frison

Sign., Robe rouge pie, demi belle face.
Age, 6 ans 9 mois.
Prop., Command Victor, La Chapelle.

442 — Frison

Sign., Robe rouge pie, lunette à droite.
Age, 7 ans 8 mois.
Prop., Grillet-Mugnier François, La Chapelle.

813 — Frison

Sign., Robe rouge pie, étoile, liste.
Age, 8 ans 6 mois.
Prop., Bouvier Joseph, Bogève.

1245 — Frison

Sign., Robe rouge pie, tête blanche.
Age, 3 ans 10 mois.
Prop., Degenève Séraphin-Joseph, Lullin.

353 — Frison

Sign., Robe pie rouge, chanfrein blanc.
Age, 3 ans.
Prop., Piccot Tita, Lullin.

1333 — Frivole

Sign., Robe rouge pie, tête blanche.
Age, 29 mois.
Prop., Vuilloud Alphonse, Châtel.

173 — Fromenta

Sign., Robe pie rouge.
Age, 4 ans 3 mois.
Prop., Levray Marie, Lugrin.

1120 — Fromenta

Sign., Robe pie rouge, liste.
Age, 3 ans 7 mois.
Prop., Jacquier Basile, Thollon.

1314 — Fronde

Sign., Robe rouge pie, tête blanche, lunettes.
Age, 4 ans 10 mois.
Prop., Blanc Jean-Marie, Abondance.

139 — Froumille

Sign., Robe rouge pie.
Age, 4 ans 9 mois.
Prop., Marcoz François, Abondance.

1101 — Fusillade

Sign., Robe rouge pie, lunette à gauche.
Age, 5 ans 7 mois.
Prop., Jacquier Pierre, Thollon.

1401 — Gaiton

Sign., Robe pie rouge, grande liste interrompue.
Age, 6 ans.
Prop., Grillet-Aubert François, Châtel.

366 — Gaiton

Sign., Robe rouge pie, lunette à gauche.
Age, 6 ans 7 mois.
Prop., Cruz Basile, La Chapelle.

190 — Gaillette

Sign., Robe rouge pie.
Age, 3 ans 3 mois.
Prop., Fleury Joseph, Saint-Paul.

69 — Gallette

Sign., Robe rouge pie.
Age, 5 ans 3 mois.
Prop., Cottet Henri, Evian-les-Bains.

1288 — Galoche

Sign., Robe pie rouge, liste en tête.
Age, 2 ans 9 mois.
Prop., Desuzinges, Allinges.

288 — Garine

Sign., Robe rouge pie, lunettes.
Age, 4 ans 7 mois.
Prop., Petit Jean-Paul, Vacheresse.

1284 — Gavotte

Sign., Robe pie rouge, tête blanche.
Age, 4 ans 9 mois.
Prop., Echarnier Ambroise, Publier.

705 — Gentille

Sign., Robe rouge pie, basane postérieure.
Age, 5 ans 7 mois.
Prop., Mouthon François-Marie, Villard.

729 — Gentille

Sign., Robe rouge pie, tête blanche.
Age,   4 ans 6 mois.
Prop., Molliet Edouard, Villard.

775 — Gentille

Sign,, Robe rouge pie, tête blanche.
Age,   5 ans 6 mois.
Prop., Gay Mélanie, Bogève.

778 — Gentille

Sign., Robe pie rouge, lunette à droite.
Age,   8 ans 6 mois.
Prop., Bouvier Marie, Bogève.

782 — Gentille

Sign., Robe rouge pie, étoile.
Age,   5 ans 7 mois.
Prop., Fontaine Etienne, Bogève.

788 — Gentille

Sign., Robe rouge pie, lunettes.
Age,   5 ans 2 mois.
Prop., Forel François, Bogève.

815 — Gentille

Sign., Robe rouge pie, tête blanche.
Age,   9 ans 6 mois.
Prop., Bouvier Joseph, Bogève.

820 — Gentille

Sign., Robe pie rouge, demi belle face.
Age, 4 ans 6 mois.
Prop., Chardon Hippolyte, Bogève.

827 — Gentille

Sign., Robe pie rouge, étoile.
Age, 5 ans 6 mois.
Prop., Pinget Roques, Bogève.

1279 — Goulue

Sign., Robe rouge pie, tête blanche.
Age, 8 ans 9 mois.
Prop., Vuattoux Antoine, Margencel.

64 — Goulue (dit Bouquet)

Sign., Robe pie rouge.
Age, 4 ans 3 mois.
Prop., Dumont Amédée, Vacheresse.

78 — Gourmande

Sign., Robe pie rouge.
Age, 4 ans 3 mois.
Prop., Pinget Joseph, Bogève.

1295 — Gourmande

Sign., Robe pie rouge, tête blanche.
Age, 3 ans 3 mois.
Prop., Dufourd Marie, Féternes.

187 — Grillon

Sign., Robe pie rouge.
Age, 7 ans 9 mois.
Prop., Bochaton Charles, Larringes.

449 — Gueton

Sign., Robe rouge pie, lunette à droite.
Age, 5 ans 6 mois.
Prop., Trosset Ambroise, La Chapelle.

131 — Henria

Sign., Robe rouge pie.
Age, 4 ans 3 mois.
Prop., Maxit François, La Chapelle.

1022 — Hermance

Sign., Robe rouge pie, demi belle face.
Age, 3 ans 7 mois.
Prop., Rey Renaud, Bellevaux.

1304 — Hermance

Sign., Robe rouge pie, plaqué.
Age, 3 ans 9 mois.
Prop., Folliet François, Abondance.

856 — Hortense

Sign., Robe pie rouge, tête blanche.
Age, 29 mois.
Prop., Guichard Jean, Jussy-Sciez.

174 — Jaillette

Sign., Robe rouge pie.
Age, 8 ans 2 mois.
Prop., Levray Marie, Lugrin.

175 — Jaillette

Sign., Robe pie rouge.
Age, 3 ans 9 mois.
Prop., Soudan François, Lugrin.

181 — Jaillette

Sign., Robe rouge pie.
Age, 8 ans 9 mois.
Prop., Burnet Alexis, Maxilly.

210 — Jaillette

Sign., Robe pie rouge, lunettes.
Age, 9 ans 9 mois.
Prop., Pollien François, Chevenoz.

283 — Jaillette

Sign., Robe rouge pie, croissant.
Age, 2 ans 9 mois.
Prop., Mercier André, Chevenoz.

296 — Jaillette

Sign., Robe rouge pie, lunettes.
Age, 4 ans 8 mois.
Prop., Condevaux Jean-Marie, Vacheresse.

493 — Jaillette

Sign., Robe pie rouge, tête blanche.
Age, 5 ans 9 mois.
Prop., Garin Joseph, Féternes.

497 — Jaillette

Sign., Robe pie rouge, tête blanche.
Age, 4 ans 8 mois.
Prop., Bochet Charles-Félix, Biot.

513 — Jaillette

Sign., Robe rouge pie, tête blanche.
Age, 2 ans 10 mois.
Prop., Martin Jean, Biot.

516 — Jaillette

Sign., Robe rouge pie, liste.
Age, 3 ans 8 mois.
Prop., Boisnard Basile, Biot.

541 — Jaillette

Sign., Robe rouge pie, demi belle face.
Age, 4 ans 8 mois.
Prop., Baud Jean, Morzine.

557 — Jaillette

Sign., Robe rouge pie, liste.
Age, 8 ans 7 mois.
Prop., Sage Joseph, Morzine.

581 — Jaillette

Sign., Robe rouge pie, lunette à gauche.
Age, 2 ans 7 mois.
Prop., Richard Antoine, Morzine.

582 — Jaillette

Sign., Robe pie rouge, demi belle face.
Age, 10 ans 6 mois.
Prop., Vulliez, maire, La Baume.

1218 — Jaillette

Sign., Robe rouge pie, étoile.
Age, 4 ans 9 mois.
Prop., Piccot Paul, Lullin.

1220 — Jaillette

Sign., Robe rouge pie, lunettes.
Age, 8 ans 8 mois.
Prop., Degenève Ephèse, Lullin.

1225 — Jaillette

Sign., Robe rouge pie, étoile.
Age, 2 ans.
Prop., Piccot Jean-Pierre, Lullin.

613 — Jaillette

Sign., Robe rouge pie, étoile.
Age, 6 ans 6 mois.
Prop., Richard Joseph feu Claude, Marin.

672 — Jaillette

Sign., Robe rouge pie, étoile.
Age, 3 ans 2 mois.
Prop., Vaudaux Jules, Habère-Poche.

711 — Jaillette

Sign., Robe rouge pie, étoile.
Age, 4 ans 7 mois.
Prop., Costa Claude, Villard-sur-Boëge.

755 — Jaillette

Sign., Robe rouge pie, lunettes.
Age, 9 ans 6 mois.
Prop., Molliet Joseph, Villard-sur-Boëge.

958 — Jaillette

Sign., Robe rouge pie, liste.
Age, 5 ans 7 mois.
Prop., Colloud François, Reyvroz.

974 — Jaillette

Sign., Robe rouge pie, lunettes.
Age, 4 ans 7 mois.
Prop., Chevallay, conseiller, Vailly.

986 — Jaillette

Sign., Robe rouge pie, lunette à gauche, front blanc.
Age, 10 ans 6 mois.
Prop., Frossard François-Xavier, Vailly.

1027 — Jaillette

Sign., Robe pie rouge, demi belle face.
Age, 9 ans 6 mois.
Prop., Nière-Maréchal Louis, Bellevaux.

1086 — Jaillette

Sign., Robe rouge pie, étoile.
Age, 3 ans 6 mois.
Prop., Perret François feu François, Thollon.

1089 — Jaillette

Sign., Robe pie rouge, tête blanche.
Age, 9 ans 6 mois.
Prop., Vesin Félix, Thollon.

1091 — Jaillette

Sign., Robe pie rouge, grande liste.
Age, 2 ans 7 mois.
Prop., Jacquier Louis-Gabriel, Thollon.

1094 — Jaillette

Sign., Robe pie rouge, tête tachetée.
Age, 3 ans 6 mois.
Prop., Gaillet Bernard, Thollon.

1109 — Jaillette

Sign., Robe rouge pie, front blanc.
Age, 4 ans 6 mois.
Prop., Jacquier Marie, Thollon.

1110 — Jaillette

Sign., Robe pie rouge, grande liste.
Age, 2 ans 6 mois.
Prop., Vittoz Benjamin, Thollon.

1116 — Jaillette

Sign., Robe rouge pie, lunettes.
Age, 3 ans 6 mois.
Prop., Arandel Joseph feu Jean-Pierre, Thollon.

1117 — Jaillette

Sign., Robe rouge pie, grande liste.
Age, 4 ans 6 mois.
Prop., Cachat Jacques feu Jean, Thollon.

1119 — Jaillette

Sign., Robe rouge pie, tête blanche.
Age, 2 ans.
Prop., Jacquier Basile, Thollon.

1138 — Jaillette

Sign., Robe rouge pie, tête blanche.
Age, 2 ans 6 mois.
Prop., Vesin Marie, Thollon.

1142 — Jaillette

Sign., Robe rouge pie, grande liste.
Age, 6 ans 6 mois.
Prop., Vesin Marie-Joseph, Thollon.

1151 — Jaillette

Sign., Robe pie rouge, tête blanche.
Age, 2 ans 6 mois.
Prop., Roch Marie, Thollon.

1154 — Jaillette

Sign., Robe rouge pie, lunettes.
Age, 3 ans 7 mois.
Prop., Vesin Jean, Thollon.

1169 — Jaillette

Sign., Robe pie rouge, liste.
Age, 8 ans 6 mois.
Prop., Layat Joseph, Perrignier.

1274 — Jaillette

Sign., Robe rouge pie, liste.
Age, 7 ans 8 mois.
Prop., Vuattoux Charles, Lullin.

1521 — Jaillette

Sign., Robe rouge pie, étoile, tâche au garrot.
Age, 6 ans 2 mois.
Prop., Vuattoux Jérémie, Lullin.

1537 — Jaillette

Sign., Robe rouge pie, tête blanche, lunette à gauche.
Age, 4 ans 2 mois.
Prop., Chaudron Vital, Lullin.

1547 — Jaillette

Sign., Robe pie rouge, tête blanche, lunette à gauche.
Age, 2 ans 2 mois.
Prop., Baisami Louis-Marie, Lullin.

1550 — Jaillette

Sign., Robe pie rouge, tête blanche.
Age, 4 ans 2 mois.
Prop., Vuattoux Julien, Lullin.

1555 — Jaillette

Sign., Robe rouge, pie en tête.
Age, 10 ans.
Prop., Piccot François, Lullin.

2008 — Jaillette

Sign., Robe rouge pie, lunette irrégulière à gauche.
Age, 5 ans 3 mois.
Prop., Arandel Joseph, Bernex.

2022 — Jaillette

Sign., Robe rouge pie, grande liste.
Age, 6 ans 2 mois.
Prop., Jacquier Joseph, Bernex.

2028 — Jaillette

Sign., Robe rouge pie, lunettes.
Age, 8 ans 2 mois.
Prop., Chevallay Antoine, Bernex.

2036 — Jaillette

Sign., Robe rouge pie, lunette à gauche.
Age, 7 ans 2 mois.
Prop., Chevallay Aubin, Bernex.

2050 — Jaillette

Sign., Robe pie rouge, liste.
Age, 4 ans 2 mois.
Prop., Bireaux Joseph, Bernex.

2052 — Jaillette

Sign., Robe pie rouge, grande liste.
Age, 6 ans 2 mois.
Prop., Dupraux Gaspard, Bernex.

2062 — Jaillette

Sign., Robe rouge pie, étoile.
Age, 8 ans 2 mois.
Prop., Peillex François, Bernex.

2069 — Jaillette

Sign., Robe rouge pie, lunettes.
Age, 6 ans 3 mois.
Prop., Buttay André Marchand, Bernex.

2084 — Jaillette

Sign., Robe pie rouge, tête blanche.
Age, 2 ans.
Prop., Curdy André-Félix, Bernex.

2089 — Jaillette

Sign., Robe rouge pie, étoile.
Age, 7 ans 2 mois.
Prop., Jacquier Maurice, Bernex.

568 — Jaillon

Sign., Robe rouge pie, tête blanche.
Age, 9 ans 7 mois.
Prop., Baud Joseph, Morzine.

569 — Jaillon

Sign., Robe rouge pie, étoile.
Age, 7 ans 7 mois.
Prop., Veuve Taberlet, Morzine.

507 — Jolie

Sign., Robe pie rouge, lunette à gauche.
Age, 3 ans 7 mois.
Prop., Veuve Coffy, Biot.

1127 — Jolie

Sign., Robe pie rouge, tête blanche.
Age, 2 ans 9 mois.
Prop., Clerc Marie, Thollon.

1427 — Jolie

Sign., Robe rouge pie, tête blanche.
Age, 8 ans 2 mois.
Prop., David Maurice, Châtel.

2021 — Jolie

Sign., Robe rouge pie, front blanc.
Age, 6 ans 3 mois.
Prop., Pinget Joseph, Bernex.

51 — Joliette

Sign., Robe rouge pie.
Age, 8 ans 3 mois.
Prop., Brélaz Eugène, La Chapelle.

652 — Joliette

Sign., Robe pie rouge, étoile.
Age, 3 ans.
Prop., Bartholoni Anatole, Château de Coudrée, Sciez.

83 — Josette

Sign., Robe rouge pie, liste.
Age, 2 ans 7 mois.
Prop., Bartholoni Anatole, Château de Coudrée, Sciez.

68 — Joyeuse

Sign., Robe pie rouge.
Age, 2 ans 7 mois.
Prop., Cottet Henri, Evian-les-Bains.

1283 — Joyeuse

Sign., Robe pie rouge, tête blanche.
Age, 4 ans 9 mois.
Prop., Morel François, Marin.

1430 — Joyeuse

Sign., Robe rouge pie, lunettes, moustaches.
Age, 2 ans 2 mois.
Prop., Marchand Marianne, Châtel.

145 — Julie

Sign., Robe rouge pie.
Age, 8 ans 9 mois.
Prop., Bartholoni Anatole, Château de Coudrée, Sciez.

2002 — Juliette

Sign., Robe rouge pie, demi belle face irrégulière.
Age, 2 ans 5 mois.
Prop., Buttay Félicien dit Rosset, Bernex.

65 — Lamette

Sign., Robe pie rouge.
Age, 2 ans 7 mois.
Prop., Cottet Henri, Evian-les-Bains.

1281 — Lamette

Sign., Robe pie rouge.
Age, 10 ans 9 mois.
Prop., Vailly Etienne, Thonon-les-Bains.

678 — Laurier

Sign., Robe rouge pie, lunette à droite.
Age, 4 ans 7 mois.
Prop., Duret Jean, Habère-Lullin.

682 — Laurier

Sign., Robe rouge pie, lunette à droite.
Age,   4 ans 7 mois.
Prop., Duret Claude, Habère-Lullin.

692 — Laurier

Sign., Robe pie rouge, tête blanche.
Age,   2 ans.
Prop., Mouthon Jean, Villard-sur-Boëge.

1544 — Laurier

Sign., Robe pie rouge, tête blanche.
Age,   2 ans 8 mois.
Prop., Piccot Joseph frères, Lullin.

2005 — Laurier

Sign., Robe pie rouge, tête blanche.
Age,   5 ans 3 mois.
Prop., Chevallay Théodule, Bernex.

526 — Lausenaz

Sign., Robe pie rouge, lunettes.
Age,   7 ans 9 mois.
Prop., Perrier Paul, Biot.

999 — Lausenne

Sign., Robe rouge pie, lunettes.
Age,   8 ans 8 mois.
Prop., Morel-Vulliez François-Marie, Vailly.

66 — Léda

Sign.,   Robe rouge pie.
Age,   2 ans 7 mois.
Prop., Cottet Henri, Evian-les-Bains.

1256 — Lezaine

Sign.,   Robe rouge, tête blanche, lunettes.
Age,   7 ans 9 mois.
Prop., Veillet Joseph, Lullin.

664 — Lièvre

Sign.,   Robe rouge.
Age,   2 ans 8 mois.
Prop., Veuve Tochet Maurice, Châtel.

1425 — Lièvre

Sign.,   Robe rouge pie, lunettes, moustaches.
Age,   7 ans.
Prop., Tochet François, Châtel.

291 — Lilie

Sign.,   Robe rouge pie, face blanche.
Age,   4 ans 2 mois.
Prop., Lolioz Jean, Vacheresse.

658 — Lily

Sign.,   Robe pie rouge, tête blanche.
Age,   2 ans.
Prop., Bartholoni Anatole, Château de Coudrée, Sciez.

395 — Lilyon

Sign., Robe pie rouge, lunettes.
Age,   3 ans 7 mois.
Prop., Vuilloud Maurice, La Chapelle.

264 — Limoge

Sign., Robe rouge pie, liste.
Age,   8 ans 7 mois.
Prop., Veuve Morand, Vacheresse.

367 — Limoge

Sign., Robe rouge pie, lunettes.
Age,   4 ans 1 mois.
Prop., Trosset Philippe, La Chapelle.

670 — Limoge

Sign., Robe rouge pie, demi belle face.
Age,   3 ans 1 mois.
Prop., Mermain Alphonse, Habère-Poche.

1030 — Limoge

Sign., Robe rouge.
Age,   8 ans 6 mois.
Prop., Tournier Jean-Michel, Bellevaux.

1034 — Limoge

Sign., Robe rouge, quelques poils blancs.
Age,   4 ans.
Prop., Blanc Julien, Bellevaux.

1042 — Limoge

Sign.,   Robe rouge pie, demi belle face, lunette à droite.
Age,   6 ans 6 mois.
Prop.,   Favre Jacques, Draillant.

1315 — Limoge

Sign.,   Robe rouge pie, tête rouge.
Age,   3 ans 9 mois.
Prop.,   Rey Paul, au Mont, Abondance.

56 — Linotte

Sign.,   Robe rouge pie.
Age,   4 ans 9 mois.
Prop.,   Veuve Morand Pierre, Vacheresse.

147 — Lionne

Sign.,   Robe pie rouge.
Age,   5 ans 9 mois.
Prop.,   Bartholoni Anatole, Château de Coudrée, Sciez.

314 — Lionne

Sign.,   Robe rouge pie, face blanche, lunettes.
Age,   5 ans 7 mois.
Prop.,   Depotex Ignace, Abondance.

650 — Lionne

Sign.,   Robe pie rouge, demi belle face.
Age,   2 ans.
Prop.,   Bartholoni Anatole, Château de Coudrée, Sciez.

1214 — Lionne

Sign., Robe rouge pie, étoile.
Age, 29 mois.
Prop., Frossard Mélanie, Lullin.

767 — Lionne

Sign., Robe rouge pie, lunettes.
Age, 6 ans 6 mois.
Prop., Bouvier Célestin, Bogève.

770 — Lionne

Sign., Robe pie rouge, liste.
Age, 26 mois.
Prop., Bovet Jules, Bogève.

787 — Lionne

Sign., Robe rouge pie, lunettes.
Age, 5 ans 6 mois.
Prop., Périllat Frédéric, Bogève.

800 — Lionne

Sign., Robe rouge pie.
Age, 4 ans 6 mois.
Prop., Pinget Joseph, Bogève.

963 — Lionne

Sign., Robe rouge pie, lunettes.
Age, 3 ans 6 mois.
Prop., Desuzinges François, Reyvroz.

1012 — Lionne

Sign.,   Robe rouge pie, quadrillé.
Age,   5 ans 6 mois.
Prop.,   Bondaz G., Reyvroz.

1398 bis — Lionne

Sign.,   Robe rouge pie, demi tête blanche.
Age,   4 ans.
Prop.,   Veuve Bidal-Dupraz Marie, Lullin.

1531 — Lionne

Sign.,   Robe rouge pie, demi tête blanche.
Age,   26 mois.
Prop.,   Dupraz Jean-Baptiste, Lullin.

784 — Lisbonne

Sign.,   Robe rouge pie, lunette à droite.
Age,   4 ans 6 mois.
Prop.,   Périllat Frédéric, Bogève.

811 — Lisbonne

Sign.,   Robe rouge pie, lunette à droite.
Age,   4 ans 6 mois.
Prop.,   Bouvier Joseph, Bogève.

371 — Lisette

Sign.,   Robe rouge pie, face blanche.
Age,   3 ans 7 mois.
Prop.,   Brélaz Eugène, La Chapelle.

903 — Lisette

Sign.,   Robe rouge pie, lunettes.
Age,   2 ans 8 mois.
Prop.,   Veuve Genoud née Burnet, Douvaine.

1001 — Lisette

Sign.,   Robe rouge pie, grande liste.
Age,   7 ans 6 mois.
Prop.,   Bidal François, Vailly.

1320 — Lisette

Sign.,   Robe rouge pie, lunettes.
Age,   3 ans 3 mois.
Prop.,   Dépotex M., Abondance.

1477 — Lisette

Sign.,   Robe pie rouge, tête blanche, surtout blanc sur les reins.
Age,   2 ans.
Prop.,   Maxit Antoine, La Chapelle.

1528 — Lisette

Sign.,   Robe rouge pie, front bariolé.
Age,   2 ans.
Prop.,   Joly Victor, Lullin.

564 — Lisette

Sign.,   Robe rouge pie, lunettes.
Age,   3 ans 7 mois.
Prop.,   Richard Emile, Morzine.

57 — Lolotte

Sign., Robe rouge pie.
Age, 4 ans 3 mois.
Prop., Dauthe François, Vacheresse.

586 — Lombarde

Sign., Robe pie rouge, tête blanche.
Age, 4 ans 7 mois.
Prop., Vulliez, maire, La Baume.

666 — Lorraine

Sign., Robe rouge pie, liste.
Age, 6 ans 8 mois.
Prop., Deremble François, Habère-Poche.

714 — Lorraine

Sign., Robe rouge pie, lunettes.
Age, 8 ans 8 mois.
Prop., Dufour Jean-François, Villard.

761 — Lorraine

Sign., Robe rouge pie, lunettes.
Age, 6 ans 7 mois.
Prop., Goy François, Bogève.

764 — Lorraine

Sign., Robe pie rouge, lunettes.
Age, 5 ans 7 mois.
Prop., Bovet Marie, Bogève.

768 — Lorraine

Sign.,   Robe pie rouge, front truité.
Age,   5 ans 2 mois.
Prop.,   Bouvier Célestin, Bogève.

786 — Lorraine

Sign.,   Robe rouge pie, grande liste.
Age,   9 ans 6 mois.
Prop.,   Périllat Frédéric, Bogève.

807 — Lorraine

Sign.,   Robe rouge pie, front quadrillé.
Age,   7 ans 8 mois.
Prop.,   Bel Jules, Bogève.

824 — Lorraine

Sign.,   Robe rouge pie, lunettes.
Age,   5 ans 7 mois.
Prop.,   Pinget François feu Alphonse, Bogève.

260 — Lunette

Sign.,   Robe rouge pie, lunettes.
Age,   6 ans 7 mois.
Prop.,   Michoux Pierre feu Philippe, Vacheresse.

590 — Lunette

Sign.,   Robe pie rouge, lunettes.
Age,   2 ans 8 mois.
Prop.,   Jordan Elie, Collonges.

623 — Lunette

Sign.,   Robe rouge pie, tête blanche, lunettes.
Age,   2 ans 2 mois.
Prop.,   Monnet Gabriel, Domaine de Morillon, Thonon-les-Bains.

734 — Lunette

Sign.,   Robe rouge pie, liste à gauche.
Age,   6 ans 1 mois.
Prop.,   Dumont Gaëtan, Boëge.

1199 — Lunette

Sign.,   Robe rouge pie, lunettes.
Age,   7 ans 3 mois.
Prop.,   Buttay André, Bernex.

1459 — Lunette

Sign.,   Robe rouge pie, lunettes.
Age,   2 ans 8 mois.
Prop.,   Girardot Emile, Châtel.

2040 — Lunette

Sign.,   Robe pie rouge, liste interrompue.
Age,   7 ans 3 mois.
Prop.,   Jacquier Joseph, Bernex.

109 — Madrid

Sign.,   Robe rouge pie, tête blanche.
Age,   6 ans 3 mois.
Prop.,   Monnet Gabriel, Domaine de Morillon, Thonon-les-Bains.

192 — Madrid

Sign., Robe rouge pie, liste.
Age, 2 ans 7 mois.
Prop., Bochet Joseph, St-Paul.

385 — Madrid

Sign., Robe rouge pie, lunettes.
Age, 5 ans 7 mois.
Prop., Command Alphonse, La Chapelle.

408 — Madrid

Sign., Robe rouge pie, étoile.
Age, 11 ans 9 mois.
Prop., Command Victor, La Chapelle.

563 — Madrid

Sign., Robe rouge pie, lunettes.
Age, 6 ans 7 mois.
Prop., Taberlet Jean-Alphonse, Morzine.

713 — Madrid

Sign., Robe rouge pie, lunettes.
Age, 5 ans 3 mois.
Prop., Costa Claude, Villard.

901 — Madrid

Sign., Robe rouge pie, tête rouge.
Age, 2 ans.
Prop., Boulens Jean, Douvaine.

921 — Madrid

Sign., Robe rouge pie, étoile.
Age, 6 ans 7 mois.
Prop., Vigny François, Loisin.

679 — Madrid

Sign., Robe pie rouge, tête blanche, lunette à droite.
Age, 7 ans 2 mois.
Prop., Crépy François, Châtel.

1475 — Madrid

Sign., Robe rouge pie, étoile, plaque blanche sur le dos et les reins.
Age, 3 ans.
Prop., Veuve David-Humbert André, La Chapelle.

1564 — Mamé

Sign., Robe rouge pie, lunettes.
Age, 5 ans.
Prop., Carraud Basile, Séchy-Allinges.

522 — Maria

Sign., Robe rouge pie, demi belle face.
Age, 3 ans 7 mois.
Prop., Premat François, Biot.

1061 — Marianne

Sign., Robe rouge pie, front blanc.
Age, 6 ans 6 mois.
Prop., Prevond Marie, Lully.

1251 — Marianne

Sign., Robe rouge pie et liste.
Age, 2 ans 9 mois.
Prop., Chaudron Joseph, Lullin.

1066 — Marietta

Sign., Robe pie rouge.
Age, 5 ans 6 mois.
Prop., Bartholoni Anatole, Château de Coudrée, Sciez.

872 — Marinette

Sign., Robe pie rouge, liste.
Age, 7 ans 8 mois.
Prop., Jordan Basile-Marie, Sciez.

947 — Marinette

Sign., Robe rouge pie, front blanc.
Age, 6 ans 7 mois.
Prop., Desuzinges Joseph, Reyvroz.

440 — Margotte

Sign., Robe rouge pie, tête rouge.
Age, 4 ans 7 mois.
Prop., Brélaz Maurice, La Chapelle.

358 — Margoton

Sign., Robe pie rouge, lunettes.
Age, 3 ans 7 mois.
Prop., Brélaz Pierre, La Chapelle.

451 — Margoton

Sign., Robe pie-rouge, liste.
Age, 6 ans 7 mois.
Prop., Trosset Ambroise, La Chapelle.

154 — Marguerite

Sign., Robe pie rouge.
Age, 5 ans 3 mois.
Prop., Bartholoni Anatole, Château de Coudrée, Sciez.

1096 — Marguerite

Sign., Robe pie rouge, liste.
Age, 2 ans 7 mois.
Prop., Gaillet Bernard, Thollon.

1344 — Marguerite

Sign., Robe rouge pie, étoile en tête.
Age, 6 ans 9 mois.
Prop., Duret Michel fils de François, Habère-Lullin.

159 — Marmotte

Sign., Robe pie rouge.
Age, 4 ans 5 mois.
Prop., Bartholoni Anatole, Château de Coudrée, Sciez.

188 — Marquise

Sign., Robe rouge pie, lunettes.
Age, 4 ans 9 mois.
Prop., Fleury Joseph, St-Paul.

229 — Marquise

Sign., Robe rouge pie, lunette incomplète.
Age, 5 ans 2 mois.
Prop., Tagand Alexandre, Vacheresse.

361 — Marquise

Sign., Robe rouge pie, face blanche, 1 lunette.
Age, 3 ans 7 mois.
Prop., Brélaz Maurice feu Joseph, La Chapelle.

370 — Marquise

Sign., Robe rouge pie, face blanche.
Age, 3 ans 7 mois.
Prop., Brélaz Eugène, La Chapelle.

396 — Marquise

Sign., Robe rouge pie, lunettes.
Age, 5 ans 7 mois.
Prop., Vuilloud Maurice, La Chapelle.

403 — Marquise

Sign., Robe rouge pie, demi belle face.
Age, 2 ans 6 mois.
Prop., Command Victor, La Chapelle.

420 — Marquise

Sign., Robe pie rouge, lunettes.
Age, 3 ans 7 mois.
Prop., Boccard François feu Pierre, La Chapelle.

508 — Marquise

Sign.,   Robe rouge pie, liste irrégulière.
Age,   10 ans 6 mois.
Prop.,   Tournier Marie, Le Biot.

587 — Marquise

Sign.,   Robe rouge pie, lunettes.
Age,   8 ans 6 mois.
Prop.,   Vulliez, maire, La Baume.

616 — Marquise

Sign.,   Robe rouge pie, tête blanche.
Age,   2 ans.
Prop.,   Monnet Gabriel, Domaine de Morillon, Thonon-les-Bains.

737 — Marquise

Sign.,   Robe rouge pie, lunette à gauche.
Age,   4 ans 6 mois.
Prop.,   Charrière Pierre, Boëge.

878 — Marquise

Sign.,   Robe rouge pie, lunettes.
Age,   4 ans 6 mois.
Prop.,   Fichard François, Chens.

883 — Marquise

Sign.,   Robe rouge pie, étoile.
Age,   4 ans 6 mois.
Prop.,   Châtelet Marie, Douvaine.

913 — Marquise

Sign., Robe pie rouge, 1 lunette.
Age, 25 mois.
Prop., Vulliez Jean-Pierre, Loisin.

922 — Marquise

Sign., Robe rouge pie, liste.
Age, 2 ans 10 mois.
Prop., Vigny Alexandre, Loisin.

928 — Marquise

Sign., Robe rouge pie, demi belle face, lunettes.
Age, 7 ans 7 mois.
Prop., Veuve Boccard, Bons.

936 — Marquise

Sign., Robe rouge pie, lunettes.
Age, 4 ans 6 mois.
Prop., Desuzinges Victor, Reyvroz.

1082 — Marquise

Sign., Robe rouge pie, étoile.
Age, 8 ans 7 mois.
Prop., Vesin Félix, Thollon.

1093 — Marquise

Sign., Robe pie rouge, tête blanche.
Age, 2 ans 6 mois.
Prop., Gaillet Bernard, Thollon.

1165 — Marquise

Sign.,   Robe pie rouge, lunettes.
Age,   6 ans 7 mois.
Prop.,   Vindret François, Perrignier.

1166 — Marquise

Sign.,   Robe pie rouge, lunettes.
Age,   4 ans 7 mois.
Prop.,   Deconche Dominique, Perrignier.

1182 — Marquise

Sign.,   Robe rouge pie, lunettes.
Age,   4 ans 1 mois.
Prop.,   Chardon Boniface, Perrignier.

1188 — Marquise

Sign.,   Robe rouge pie, tête rouge.
Age,   5 ans 7 mois.
Prop.,   Mermet Joseph, Perrignier.

1368 — Marquise

Sign.,   Robe pie rouge, tête blanche.
Age,   4 ans 3 mois.
Prop.,   Girard-Dandin François, Abondance.

1378 — Marquise

Sign.,   Robe rouge pie, tête blanche.
Age,   3 ans 3 mois.
Prop.,   Blanc François, {au Mont, Abondance.

1411 — Marquise

Sign., Robe rouge pie, front marbré.
Age, 3 ans 2 mois.
Prop., Vuarand Eugène, Châtel.

1453 — Marquise

Sign., Robe pie rouge, grande liste.
Age, 2 ans 2 mois.
Prop., Grenat Maurice, Châtel.

1501 — Marquise

Sign., Robe rouge pie, étoile, moustaches.
Age, 7 ans.
Prop., Favre Julien, La Chapelle.

2056 — Marquise

Sign., Robe pie rouge, tête blanche.
Age, 2 ans 7 mois.
Prop., Chevallay Joseph, Bernex.

939 — Marseille

Sign., Robe rouge pie, tête blanche.
Age, 6 ans 7 mois.
Prop., Vulliez Claude, Reyvroz.

315 — Mayence

Sign., Robe pie rouge, 1 lunette.
Age, 8 ans 7 mois.
Prop., Berthoud Joseph, Abondance.

319 — Mayence

Sign., Robe rouge pie, lunettes.
Age, 6 ans 6 mois.
Prop., Benand Jean-Marie, Abondance.

575 — Mayence

Sign., Robe rouge pie, lunettes.
Age, 4 ans.
Prop., Baud Claude-François, Morzine.

1336 — Mayence

Sign., Robe rouge pie, tête blanche.
Age, 3 ans 3 mois.
Prop., Benand François, Melon, Abondance.

1478 — Mayence

Sign., Robe rouge pie, tête blanche, lunette à gauche.
Age, 2 ans.
Prop., Maxit Antoine, La Chapelle.

1125 — Mayola

Sign., Robe rouge pie, lunette à droite.
Age, 3 ans 7 mois.
Prop., Jacquier François feu Jean-Marie, Thollon.

322 — Mélina

Sign., Robe rouge pie, lunettes.
Age, 3 ans 7 mois.
Prop., Veuve Gallay, Abondance.

1155 — Mémise

Sign., Robe rouge pie, grande liste.
Age, 5 ans 7 mois.
Prop., Vesin Marie-François, Thollon.

1382 — Mercédès

Sign., Robe pie rouge, tête blanche.
Age, 3 ans 3 mois.
Prop., Boccard Jean, La Chapelle.

146 — Mignonne

Sign., Robe pie rouge.
Age, 6 ans 9 mois.
Prop., Bartholoni Anatole, Château de Coudrée, Sciez.

374 — Mignonne

Sign., Robe pie rouge, belle face tachetée.
Age, 3 ans 7 mois.
Prop., Boccard François, La Chapelle.

434 — Mignonne

Sign., Robe rouge pie, lunettes.
Age, 3 ans 7 mois.
Prop., Desportes Ignace, La Chapelle.

475 — Mignonne

Sign., Robe rouge pie, face blanche.
Age, 10 ans.
Prop., Michoux Pierre, Abondance.

489 — Mignonne

Sign.,   Robe rouge pie, face blanche.
Age,   29 mois.
Prop.,   Tagand Alexandre, Vacheresse.

726 — Mignonne

Sign.,   Robe rouge pie, tête blanche.
Age,   7 ans 7 mois.
Prop.,   Molliet Edouard, Villard.

973 — Mignonne

Sign.,   Robe rouge pie, lunettes.
Age,   4 ans 6 mois.
Prop.,   Chevallay, conseiller, Vailly.

1023 — Mignonne

Sign.,   Robe rouge pie, demi belle face.
Age,   4 ans.
Prop.,   Gougain Louis, Bellevaux.

1026 — Mignonne

Sign.,   Robe rouge pie, lunettes.
Age,   10 ans 6 mois.
Prop.,   Baud Joseph, Bellevaux.

1179 — Mignonne

Sign.,   Robe rouge, tête rouge.
Age,   6 ans 6 mois.
Prop.,   Moynat François, Perrignier.

1488 — Mignonne

Sign., Robe rouge pie, croissant.
Age, 26 mois.
Prop., Marchand Antoine, La Chapelle.

1491 — Mignonne

Sign., Robe rouge pie, étoile déviée à gauche.
Age, 4 ans 2 mois.
Prop., Crépy Ambroise, La Chapelle.

2037 — Mignonne

Sign., Robe rouge pie, lunettes.
Age, 29 mois.
Prop., Buisson Jules, Bernex.

127 — Mignonnette

Sign., Robe rouge pie.
Age, 5 ans 3 mois.
Prop., Fillion Claude, Thonon-les-Bains.

91 — Minette

Sign., Robe rouge pie.
Age, 5 ans 3 mois.
Prop., Mercier André, Chévenoz.

158 — Mirieux

Sign., Robe pie rouge.
Age, 4 ans 10 mois.
Prop., Bartholoni Anatole, Château de Coudrée, Sciez.

140 — Miroir

Sign.,   Robe rouge pie, liste blanche.
Age,   28 mois.
Prop.,   Monnet Gabriel, Domaine de Morillon, Thonon-les-Bains.

369 — Miroir

Sign.,   Robe rouge pie, liste à droite.
Age,   5 ans 7 mois.
Prop.,   Brélaz Eugène, La Chapelle.

525 — Miroir

Sign.,   Robe rouge pie, demi belle face à droite.
Age,   4 ans 7 mois.
Prop.,   Mudry François, Biot.

530 — Miroir

Sign.,   Robe rouge pie, lunette à droite.
Age,   10 ans 7 mois.
Prop.,   Tournier Maurice, Biot.

645 — Miroir

Sign.,   Robe rouge pie, tête blanche.
Age,   3 ans 9 mois.
Prop.,   Bartholoni Anatole, Château de Coudrée, Sciez.

967 — Miroir

Sign.,   Robe rouge pie, demi belle face.
Age,   4 ans 1 mois.
Prop.,   Baud Joseph, Reyvroz.

1000 — Miroir

Sign., Robe rouge pie, grande liste.
Age, 8 ans 9 mois.
Prop., Bidal François, Vailly.

1013 — Miroir

Sign., Robe rouge pie, liste.
Age, 4 ans 1 mois.
Prop., Morel-Chevillet François-Joseph, Vailly.

1108 — Miroir

Sign., Robe rouge pie, lunettes.
Age, 5 ans 6 mois.
Prop., Jacquier Marie, Thollon.

1135 — Miroir

Sign., Robe rouge pie, lunettes.
Age, 9 ans 6 mois.
Prop., Gaillet Bernard, Thollon.

1266 — Miroir

Sign., Robe rouge, liste, lunettes.
Age, 17 mois.
Prop., Viollet Julien, Lullin.

1273 — Miroir

Sign., Robe rouge, tête blanche, lunettes.
Age, 4 ans 9 mois.
Prop., Piccot Marie-Célestin, Lullin.

1404 — Miroir

Sign., Robe rouge, étoile interrompue.
Age, 6 ans 2 mois.
Prop., Vuarand Eugène, Châtel.

1522 — Miroir

Sign., Robe rouge pie, tête blanche, lunettes, moustaches.
Age, 7 ans.
Prop., Vuattoux Jérémie, Lullin.

2031 — Miroir

Sign., Robe rouge pie, lunettes.
Age, 4 ans 6 mois.
Prop., Blanc François feu Aimé, Bernex.

2045 — Miroir

Sign., Robe rouge pie, grande liste.
Age, 11 ans 9 mois.
Prop., Dutruel Joseph, Bernex.

2047 — Miroir

Sign., Robe rouge pie, étoile.
Age, 5 ans 9 mois.
Prop., Blanc Antoine feu Félix, Bernex.

2077 — Miroir

Sign., Robe rouge pie, étoile.
Age, 2 ans 9 mois.
Prop., Chevallay Madeleine, Bernex.

195 — Miron

Sign., Robe pie rouge, lunettes.
Age, 4 ans 9 mois.
Prop., Marchand François, St-Paul.

137 — Mirtylle

Sign., Robe rouge pie.
Age, 7 ans 9 mois.
Prop., Prevond Henri, Lully.

135 — Mirza

Sign., Robe rouge pie.
Age, 3 ans 3 mois.
Prop., Maxit Antoine, La Chapelle.

245 — Montagne

Sign., Robe rouge pie, face blanche.
Age, 3 ans 9 mois.
Prop., Maulaz Jean-Claude, Vacheresse.

248 — Montagne

Sign., Robe rouge pie, face blanche.
Age, 6 ans 7 mois.
Prop., Veuve Bron Athanase, Vacheresse.

965 — Montagne

Sign., Robe rouge pie, lunettes.
Age, 7 ans 7 mois.
Prop., Vulliez François, Reyvroz.

1444 — Montagne

Sign., Robe rouge pie, lunettes, moustaches.
Age, 1 an.
Prop., Marchand Marianne, Châtel.

1454 — Montagne

Sign., Robe rouge pie, lunettes.
Age, 2 ans.
Prop., Grenat Maurice, Châtel.

436 — Montagne

Sign., Robe rouge pie, tête blanche, lunettes.
Age, 8 ans 7 mois.
Prop., Cruz Jacques frères, La Chapelle.

458 — Montagnon

Sign., Robe pie rouge, lunettes.
Age, 8 ans 7 mois.
Prop., Maxit Antoine, La Chapelle.

814 — Moselle

Sign., Robe rouge pie, étoile.
Age, 7 ans 6 mois.
Prop., Bouvier Joseph, Bogève.

1441 — Moscou

Sign., Robe pie rouge, lunettes, moustaches.
Age, 8 ans.
Prop., Marchand Anne, Châtel.

231 — Motte

Sign., Robe pie rouge, face blanche.
Age, 5 ans 6 mois.
Prop., Favre Augustin, Vacheresse.

341 — Mottet

Sign., Robe rouge pie, étoile.
Age, 5 ans 7 mois.
Prop., Trosset François, La Chapelle.

335 — Moustache

Sign., Robe pie rouge, liste.
Age, 6 ans 7 mois.
Prop., Folliet André, Abondance.

393 — Moustache

Sign., Robe rouge pie, liste déviée à droite.
Age, 9 ans 6 mois.
Prop., Voisin François, La Chapelle.

1393 — Moustache

Sign., Robe rouge pie, plaqué, moustaches
Age, 2 ans 6 mois.
Prop., Jordan Elie, Collonges.

1505 — Moustache

Sign., Robe rouge pie, lunettes, moustaches.
Age, 2 ans 6 mois.
Prop., Command Victor, La Chapelle

77 — Moutailla

Sign.,   Robe rouge pie.
Age,   10 ans 9 mois.
Prop.,   Pinget Joseph, Bogève.

111 — Moutailla I

Sign.,   Robe rouge pie, tête rouge, étoile tache sur le nez.
Age,   6 ans 9 mois.
Prop.,   Monnet Gabriel, Domaine de Morillon, Thonon-les-Bains.

115 — Moutailla II

Sign.,   Robe rouge pie, chignon rouge, liste en tête.
Age,   4 ans 9 mois.
Prop.,   Monnet Gabriel, Domaine de Morillon, Thonon-les-Bains.

169 — Moutailla

Sign.,   Robe rouge pie.
Age,   7 ans 9 mois.
Prop.,   Cottet, juge, Evian-les-Bains.

262 — Moutailla

Sign.,   Robe pie rouge, lunettes.
Age,   4 ans 9 mois.
Prop.,   Michoux François, Vacheresse.

32 — Moutailla

Sign.,   Robe rouge pie, face blanche.
Age,   6 ans 9 mois.
Prop.,   Benand Jean-Marie, Abondance.

318 — Moutailla

Sign., Robe rouge pie, face blanche.
Age, 8 ans 6 mois.
Prop., Benand François, Abondance.

375 — Moutailla

Sign., Robe rouge pie, étoile.
Age, 7 ans 7 mois.
Prop., Boccard François, La Chapelle.

379 — Moutailla

Sign., Robe rouge pie, étoile.
Age, 2 ans 7 mois.
Prop., Maxit frères, La Chapelle.

380 — Moutailla

Sign., Robe rouge pie, étoile.
Age, 8 ans 6 mois.
Prop., Bochet François, La Chapelle.

417 — Moutailla

Sign., Robe pie rouge, étoile.
Age, 5 ans 7 mois.
Prop., Voisin Basile, La Chapelle.

427 — Moutailla

Sign., Robe rouge pie, étoile.
Age, 9 ans 7 mois.
Prop., Favre Julien, La Chapelle.

455 — Moutailla

Sign., Robe rouge pie, étoile.
Age, 3 ans 7 mois.
Prop., Maxit Antoine, La Chapelle.

468 — Moutailla

Sign., Robe pie rouge, lunette à gauche.
Age, 10 ans 6 mois.
Prop., Berthet Joseph-Miolène, Abondance.

503 — Moutailla

Sign., Robe rouge pie, étoile.
Age, 7 ans 6 mois.
Prop., Vulliez Joseph, Biot.

511 — Moutailla

Sign., Robe rouge pie, étoile
Age, 10 ans 6 mois.
Prop., Morand Célestin, Biot.

536 — Moutailla

Sign., Robe rouge pie, étoile.
Age, 3 ans 4 mois.
Prop., Perrier René, Biot.

546 — Moutailla

Sign., Robe rouge pie, lunettes.
Age, 6 ans 7 mois.
Prop., Baud Antoine feu Anselme, Morzine.

570 — Moutailla

Sign., Robe rouge pie, tête truitée.
Age, 4 ans 6 mois.
Prop., Baud Nicolas feu Aimé, Morzine.

612 — Moutailla

Sign., Robe rouge pie, étoile.
Age, 5 ans 6 mois.
Prop., Jordan Elie, Collonges.

832 — Moutailla

Sign., Robe pie rouge, étoile.
Age, 6 ans.
Prop., Morin Damase, Anthy.

893 — Moutailla

Sign., Robe rouge pie, lunettes.
Age, 2 ans 10 mois.
Prop., Genoud François, Douvaine.

904 — Moutailla

Sign., Robe rouge pie, étoile.
Age, 2 ans.
Prop., Genoud Marie dit Mérandon, Douvaine.

908 — Moutailla

Sign., Robe rouge pie, lunettes.
Age, 8 ans 6 mois.
Prop., Volant François, Douvaine.

909 — Moutailla

Sign.,   Robe rouge pie, front quadrillé.
Age,   6 ans 6 mois.
Prop.,   Vulliez Jean-Pierre, Loisin.

915 — Moutailla

Sign.,   Robe rouge pie, tête blanche.
Age,   4 ans 2 mois.
Prop.,   Dunand Alexandre, Loisin.

953 — Moutailla

Sign.,   Robe rouge pie, lunettes.
Age,   4 ans 7 mois.
Prop.,   Bondaz Célestin, Reyvroz.

992 — Moutailla

Sign.,   Robe rouge pie, étoile.
Age,   4 ans 7 mois.
Prop.,   Châtelain Alexandre, Vailly.

1037 — Moutailla

Sign.,   Robe rouge pie, belle face.
Age,   6 ans 6 mois.
Prop.,   Bossus Louis, Maugny.

1084 — Moutailla

Sign.,   Robe rouge pie, front blanc.
Age,   3 ans 7 mois.
Prop.,   Jacquier Marie, Thollon.

19

1085 — Moutailla

Sign., Robe rouge pie, étoile.
Age, 5 ans 6 mois.
Prop., Jacquier Félix, Thollon.

1159 — Moutailla

Sign., Robe rouge pie, lunettes.
Age, 4 ans 6 mois.
Prop., Lacroix Edouard, Perrignier.

1174 — Moutailla

Sign., Robe pie rouge, front quadrillé.
Age, 7 ans 6 mois.
Prop., Pinaud Jules, Perrignier.

1178 — Moutailla

Sign., Robe rouge pie, grande liste.
Age, 5 ans 6 mois.
Prop., Moynat François, Perrignier.

1185 — Moutailla

Sign., Robe rouge pie, grande liste.
Age, 5 ans 6 mois.
Prop., Pontet François, Perrignier.

1190 — Moutailla

Sign., Robe rouge pie, étoile.
Age, 5 ans 7 mois.
Prop., Veuve Pontet, Perrignier.

1270 — Moutailla

Sign.,   Robe rouge, tête tigrée.
Age,   5 ans 6 mois.
Prop.,   Piccot Julien, Lullin.

1559 — Moutailla

Sign.,   Robe rouge pie, lunette à droite, demi lunette à gauche.
Age,   2 ans.
Prop.,   Guyon Louis, Marignan, Sciez.

354 — Moutaillo

Sign.,   Robe rouge pie, tête blanche, tache à droite.
Age,   2 ans.
Prop.,   Vuattoux Claude, Lullin.

1509 — Moutaillon

Sign.,   Robe rouge pie, étoile.
Age,   6 ans.
Prop.,   Command Victor, La Chapelle.

243 — Mouton

Sign.,   Robe pie rouge, étoile.
Age,   4 ans 6 mois.
Prop.,   Lolioz Jean, Vacheresse.

332 — Mouton

Sign.,   Robe pie rouge, liste.
Age,   3 ans 7 mois.
Prop.,   Folliet André, Abondance.

1402 — Mouton

Sign., Robe pie rouge, tête blanche, lunette à droite.
Age, 5 ans 2 mois.
Prop., Daunet Elie, Châtel.

1476 — Mouton

Sign., Robe rouge pie, étoile.
Age, 2 ans.
Prop., Veuve David Humbert-André, La Chapelle.

1212 — Mulhouse

Sign., Robe rouge pie, lunettes.
Age, 19 mois.
Prop., Piccot Marie, Lullin.

1234 — Mulhouse

Sign., Robe rouge pie, tête blanche.
Age, 4 ans 8 mois.
Prop., Roche Joseph-Baptiste, Lullin.

1047 — Mulhouse

Sign., Robe rouge pie, lunettes.
Age, 9 ans.
Prop., Hudry Pierre, Draillant.

116 — Mura

Sign., Robe pie rouge, liste en tête.
Age, 5 ans 9 mois.
Prop., Monnet Gabriel, Domaine de Morillon, Thonon-les-Bains.

141 — Mura

Sign., Robe pie rouge.
Age, 7 ans 8 mois.
Prop., Bartholoni Anatole, Château de Coudrée, Sciez.

409 — Mura

Sign., Robe rouge pie, face blanche.
Age, 6 ans 7 mois.
Prop., Command Victor, La Chapelle.

71 — Mutine

Sign., Robe rouge pie.
Age, 5 ans 9 mois.
Prop., Cottet Henri, Evian-les-Bains.

1292 — Mutine

Sign., Robe pie rouge.
Age, 2 ans.
Prop., Morel François, Habère-Poche.

550 — Nez blanc

Sign., Robe rouge pie, étoile.
Age, 7 ans 7 mois.
Prop., Berger Claude-Marie, Morzine.

80 — Ninette

Sign., Robe rouge pie.
Age, 6 ans 3 mois.
Prop., Délavouet Jean, Bogève.

126 — Ninette

Sign.,   Robe rouge pie.
Age,   5 ans 9 mois.
Prop.,   Dunoyer Jules, Sciez.

202 — Normande

Sign.,   Robe rouge pie, lunettes.
Age,   3 ans 7 mois.
Prop.,   Lausenaz François, Chevenoz.

386 — Normande

Sign.,   Robe pie rouge, demi belle face.
Age,   3 ans 6 mois.
Prop.,   Maxit Eugène, La Chapelle.

577 — Olive

Sign.,   Robe rouge pie, lunettes.
Age,   2 ans.
Prop.,   Baud Claude, Morzine.

106 — Papillon

Sign.,   Robe pie rouge, lunettes.
Age,   7 ans 3 mois.
Prop.,   Monnet Gabriel, Domaine de Morillon, Thonon-les-Bains.

161 — Papillon

Sign.,   Robe pie rouge.
Age,   3 ans 11 mois.
Prop.,   Bartholoni Anatole, Château de Coudrée, Sciez.

183 — Papillon

Sign., Robe pie rouge.
Age, 7 ans 9 mois.
Prop., Burnet Alexis, Maxilly.

193 — Papillon

Sign., Robe pie rouge, large liste.
Age, 2 ans 8 mois.
Prop., Cachat J., Neuvecelle.

206 — Papillon

Sign., Robe rouge pie.
Age, 3 ans 3 mois.
Prop., Sache Julien, Chevenoz.

220 — Papillon

Sign., Robe rouge pie, face blanche.
Age, 3 ans 8 mois.
Prop., Mercier, Chevenoz.

240 — Papillon

Sign., Robe rouge pie, lunettes.
Age, 3 ans 7 mois.
Prop., Francoz François feu François, Vacheresse.

261 — Papillon

Sign., Robe rouge pie, face blanche.
Age, 3 ans 8 mois.
Prop., Michoux Pierre feu Philippe, Vacheresse.

344 — Papillon

Sign., Robe pie rouge, lunette à droite.
Age, 4 ans 7 mois.
Prop., Trosset François, La Chapelle.

1202 — Papillon

Sign., Robe rouge pie, tête blanche.
Age, 5 ans 9 mois.
Prop., Piccot Anselme, Lullin.

350 — Papillon

Sign., Robe pie rouge, lunette à droite.
Age, 3 ans 6 mois.
Prop., Trosset Julien, La Chapelle.

398 — Papillon

Sign., Robe rouge pie, lunettes.
Age, 5 ans 6 mois.
Prop., Cruz Lucien, La Chapelle.

418 — Papillon

Sign., Robe pie rouge, tête blanche.
Age, 6 ans 7 mois.
Prop., Voisin Basile, La Chapelle.

519 — Papillon

Sign., Robe rouge pie, lunettes.
Age, 6 ans 6 mois.
Prop., Premat Jules, Biot.

521 — Papillon

Sign.,   Robe rouge pie, lunette à droite.
Age,   3 ans 7 mois.
Prop.,   Morand François, Biot.

538 — Papillon

Sign.,   Robe pie rouge, demi belle face.
Age,   2 ans 9 mois.
Prop.,   Premat Henri, Biot.

554 — Papillon

Sign.,   Robe rouge pie, lunettes.
Age,   7 ans 7 mois.
Prop.,   Richard Pierre, Morzine.

561 — Papillon

Sign.,   Robe rouge pie, lunettes.
Age,   2 ans 7 mois.
Prop.,   Baud Antoine, Morzine.

584 — Papillon

Sign.,   Robe pie rouge, lunettes.
Age,   4 ans 6 mois.
Prop.,   Vulliez, maire, La Baume.

595 — Papillon

Sign,,   Robe rouge pie, lunettes.
Age,   2 ans 6 mois.
Prop.,   Veuve Marchat, Tully.

606 — Papillon

Sign., Robe rouge pie, lunettes.
Age, 9 ans 6 mois.
Prop., Burnat André, Thonon-les-Bains.

732 — Papillon

Sign., Robe rouge pie, lunettes.
Age, 10 ans 6 mois.
Prop., Dumont Gaëtan, Boëge.

738 — Papillon

Sign., Robe rouge pie, lunette à droite.
Age, 6 ans 6 mois.
Prop., Charrière Pierre, Boëge.

742 — Papillon

Sign., Robe rouge pie, tête blanche.
Age, 4 ans 6 mois.
Prop., Mercier François, Boëge.

752 — Papillon

Sign., Robe rouge pie, tête blanche.
Age, 4 ans 2 mois.
Prop., Dufour Alphonse, Boëge.

754 — Papillon

Sign., Robe pie rouge, lunette à droite.
Age, 2 ans.
Prop., Condevaux Eugène, Boëge.

847 — Papillon

Sign., Robe rouge pie, lunettes.
Age, 9 ans 6 mois.
Prop., Guichard Jean, Jussy-Sciez.

925 — Papillon

Sign., Robe pie rouge, étoile.
Age, 10 ans 6 mois.
Prop., Baud Lucien, Bons.

931 — Papillon

Sign., Robe pie rouge, demi belle face.
Age, 10 ans 6 mois.
Prop., Trolliet Jean-Joseph, Bons.

934 — Papillon

Sign., Robe rouge pie, lunettes.
Age, 5 ans 2 mois.
Prop., Baud Marie, Bons.

977 — Papillon

Sign., Robe rouge pie, lunettes.
Age, 2 ans.
Prop., Chevallay, conseiller, Vailly.

978 — Papillon

Sign., Robe rouge pie, quadrillé.
Age, 4 ans 6 mois.
Prop., Chevallay Joseph, Vailly.

985 — Papillon

Sign., Robe rouge pie, étoile.
Age, 6 ans 6 mois.
Prop., Liardet Jules, Vailly.

993 — Papillon

Sign., Robe rouge pie, demi belle face.
Age, 2 ans.
Prop., Châtelain Alexandre, Vailly.

998 — Papillon

Sign., Robe rouge pie, lunettes.
Age, 7 ans 6 mois.
Prop., Morel-Vulliez François-Marie, Vailly.

1044 — Papillon

Sign., Robe pie rouge, grande liste.
Age, 3 ans 6 mois.
Prop., Genoud Jules, Draillant.

1059 — Papillon

Sign., Robe rouge pie, grande liste.
Age, 2 ans 11 mois.
Prop., Dépierre Alphonse, Mâcheron.

1062 — Papillon

Sign., Robe pie rouge, lunettes.
Age, 4 ans 6 mois.
Prop., Prevond Marie, Lully.

1129 — Papillon

Sign., Robe rouge pie, lunettes.
Age,   5 ans 6 mois.
Prop., Blanc Jean-Louis, Thollon.

1143 — Papillon

Sign., Robe pie rouge, grande liste.
Age,   9 ans 6 mois.
Prop., Jacquier François, Thollon.

1168 — Papillon

Sign., Robe rouge pie, front blanc.
Age,   3 ans.
Prop., Châtel Louise, Cervens.

1196 — Papillon

Sign., Robe rouge pie, étoile.
Age,   5 ans 3 mois.
Prop., Biréaux Charles, Bernex.

1244 — Papillon

Sign., Robe rouge pie, tête blanche.
Age,   7 ans 9 mois.
Prop., Degenève Ephèse, Lullin.

1405 — Papillon

Sign., Robe rouge pie, tête blanche, lunettes.
Age,   9 ans.
Prop., Vuarand Eugène, Châtel.

1420 — Papillon

Sign.,   Robe rouge pie, tête blanche.
Age,   3 ans.
Prop., Rubens Jean, Châtel.

1471 — Papillon

Sign.,   Robe pie rouge, lunettes.
Age,   6 ans.
Prop., Veuve Brélaz née Folliet, La Chapelle.

2012 — Papillon

Sign.,   Robe rouge pie, liste.
Age,   7 ans 7 mois.
Prop., Jacquier Joseph dit Buttay, Bernex.

2013 — Papillon

Sign.,   Robe rouge, étoile.
Age,   4 ans 3 mois.
Prop., Seydoux Eugène, Bernex.

2023 — Papillon

Sign.,   Robe rouge pie, liste.
Age,   3 ans 3 mois.
Prop., Chevallay Antoine, Bernex.

2042 — Papillon

Sign.,   Robe rouge pie, grande liste.
Age,   30 mois.
Prop., Jacquier Joseph, Bernex.

2053 — Papillon

Sign., Robe pie rouge, liste.
Age, 5 ans 3 mois.
Prop., Dutruel Maurice, Bernex.

2057 — Papillon

Sign., Robe pie rouge, lunettes.
Age, 3 ans.
Prop., Trincaz Joseph feu André, Bernex.

604 — Papillon

Sign., Robe rouge pie, lunette à gauche.
Age, 4 ans 6 mois.
Prop., Piton Jacques, Amphion.

1221 — Parise

Sign., Robe rouge pie, liste.
Age, 3 ans 3 mois.
Prop., Degenève Ephèse, Lullin.

359 — Parise

Sign., Robe rouge pie, lunettes.
Age, 5 ans 3 mois.
Prop., Curtaz Joseph, La Chapelle.

412 — Parise

Sign., Robe pie rouge, liste.
Age, 6 ans 6 mois.
Prop., Command Victor, La Chapelle.

428 — Parise

Sign.,   Robe pie rouge, lunettes.
Age,   8 ans 6 mois.
Prop., Favre Julien, La Chapelle.

790 — Parise

Sign.,   Robe pie rouge, demi belle face.
Age,   7 ans 7 mois.
Prop., Forel François, Bogève.

966 — Parise

Sign.,   Robe rouge pie, belle face.
Age,   4 ans 6 mois.
Prop., Colloud François feu Frédéric, Reyvroz.

419 — Pathou

Sign.,   Robe rouge pie, lunettes.
Age,   6 ans 6 mois.
Prop., Boccard François feu Pierre, La Chapelle.

857 — Pauline

Sign.,   Robe rouge pie.
Age,   3 ans 4 mois.
Prop., Suchet Pierre, Sciez.

74 — Perdrix

Sign.,   Robe rouge pie.
Age,   6 ans 9 mois.
Prop., Command Victor, La Chapelle.

490 — Perdrix

Sign., Robe rouge pie, grande liste.
Age, 3 ans.
Prop., Bouvier Jean, Vacheresse.

494 — Perdrix

Sign., Robe rouge pie, étoile déviée à droite.
Age, 4 ans 6 mois.
Prop., Garin Joseph, Féternes.

841 — Perdrix

Sign., Robe pie rouge, liste.
Age, 5 ans 6 mois.
Prop., Durand Antoine, Lausenettaz.

919 — Perdrix

Sign., Robe rouge pie, lunettes.
Age, 5 ans 7 mois.
Prop., Vigny François, Loisin.

984 — Perdrix

Sign., Robe rouge pie, lunettes.
Age, 4 ans 3 mois.
Prop., Mugnier Joseph, Vailly.

1186 — Perdrix

Sign., Robe rouge.
Age, 4 ans 6 mois.
Prop., Pontet François, Perrignier.

1403 — Perdrix

Sign., Robe pie rouge, tête blanche.
Age, 2 ans.
Prop., Daunet Elie, Châtel.

1449 — Perdrix

Sign., Robe rouge pie, lunettes, moustachés.
Age, 2 ans.
Prop., Vuarand Maurice, Châtel.

1487 — Perdrix

Sign., Robe rouge pie en tête.
Age, 2 ans.
Prop., Marchand Antoine, La Chapelle.

1502 — Perdrix

Sign., Robe pie rouge, grande liste.
Age, 2 ans.
Prop., Favre Julien, La Chapelle.

1535 — Perdrix

Sign., Robe rouge pie, grande liste, tache sur la queue.
Age, 2 ans.
Prop., Viollet Julien, Lullin.

890 — Perle

Sign., Robe rouge pie, étoile.
Age, 7 ans 6 mois.
Prop., Boulens François, Douvaine.

867 — Pérouse

Sign.,   Robe pie rouge.
Age,   5 ans.
Prop., Requet André, Sciez.

142 — Perroquet

Sign.,   Robe pie rouge.
Age,   8 ans 9 mois.
Prop., Bartholoni Anatole, Château de Coudrée, Sciez.

689 — Perroquet

Sign.,   Robe rouge pie, lunettes.
Age,   3 ans 2 mois.
Prop., Dépierre Eugène, Habère-Poche.

882 — Perroquet

Sign.,   Robe rouge pie, face blanche.
Age,   7 ans 6 mois.
Prop., Command Alphonse, La Chapelle.

390 — Perroquet

Sign.,   Robe pie rouge, face blanche.
Age,   4 ans 7 mois.
Prop., Vuilloud Charles, La Chapelle.

424 — Perroquet

Sign.,   Robe rouge pie, étoile.
Age,   3 ans 8 mois.
Prop., Favre Julien, La Chapelle.

959 — Perroquet

Sign., Robe rouge pie, belle face.
Age, 3 ans 6 mois.
Prop., Vulliez François, Reyvroz.

629 — Perroquet

Sign., Robe pie rouge, étoile déviée à gauche.
Age, 10 ans.
Prop., Grillet-Paysan Laurent, Châtel.

1494 — Perroquet

Sign., Robe rouge pie, lunettes, moustaches.
Age, 7 ans.
Prop., Marchand Ambroise, La Chapelle.

2073 — Perroquet

Sign., Robe rouge pie, lunettes.
Age, 5 ans 8 mois.
Prop., Buttay Maurice, Bernex.

122 — Perruche

Sign., Robe rouge pie.
Age, 5 ans 9 mois.
Prop., Guichard Jean, Jussy-Sciez.

1152 — Perruche

Sign., Robe pie rouge, étoile.
Age, 3 ans 8 mois.
Prop., Roch Marie, Thollon.

653 — Persy

Sign.,   Robe rouge pie, tête truitée.
Age,   3 ans 3 mois.
Prop., Bartholoni Anatole, Château de Coudrée, Sciez.

897 — Petite

Sign.,   Robe rouge pie, lunettes.
Age,   5 ans 7 mois.
Prop., Genoud François, Douvaine.

1187 — Petite

Sign.,   Robe rouge pie, tête blanche.
Age,   8 ans 6 mois.
Prop., Deconche Victor, Perrignier.

311 — Picolette

Sign.,   Robe pie rouge, lunettes.
Age,   4 ans 9 mois.
Prop., Buffet Pierre-Joseph, Douvaine.

326 — Picolette

Sign.,   Robe pie rouge, lunettes.
Age,   28 mois.
Prop., Maulaz André, Abondance.

342 — Picolette

Sign.,   Robe rouge pie, étoile prolongée.
Age,   10 ans 6 mois.
Prop., Trosset François, La Chapelle.

469 — Picolette

Sign.,   Robe pie rouge, tête rouge.
Age,   3 ans 6 mois.
Prop., Berthet Joseph-Miolène, Abondance.

1324 — Picolette

Sign.,   Robe rouge pie, listé en tête, yeux bordés de rouge.
Age,   3 ans 1 mois.
Prop., Maulaz André, Abondance.

1421 — Picolette

Sign.,   Robe pie rouge, grande liste.
Age,   2 ans.
Prop., Venve Grillet-Joseph, Châtel.

1493 — Picolette

Sign.,   Robe pie rouge, tête blanche, lunettes et moustaches.
Age,   3 ans.
Prop., Crépy Ambroise, La Chapelle.

273 — Pigeon

Sign.,   Robe rouge pie, liste.
Age,   5 ans 9 mois.
Prop., Liège Augustin, Vacheresse.

278 — Pigeon

Sign.,   Robe rouge pie, lunettes.
Age,   4 ans 9 mois.
Prop., Sache Louis, Chevenoz.

349 — Pigeon

Sign., Robe pie rouge, liste.
Age,   3 ans 7 mois.
Prop., Trosset Julien, La Chapelle.

699 — Pigeon

Sign., Robe rouge pie, lunettes.
Age,   2 ans 6 mois.
Prop., Mouthon Joseph, Villard.

648 — Pigeon

Sign., Robe pie rouge, tête blanche, lunette, moustache.
Age,   2 ans.
Prop., Crépy François, Châtel.

1407 — Pigeon

Sign., Robe rouge pie, tête blanche.
Age,   6 ans.
Prop., David François-Saturlin, Châtel.

1414 — Pigeon

Sign., Robe rouge pie, tête blanche.
Age,   6 ans.
Prop., Tochet François, Châtel.

1428 — Pigeon

Sign., Robe rouge pie, tête blanche.
Age,   8 ans.
Prop., David Maurice, Châtel.

1448 — Pigeon

Sign., Robe rouge pie, lunettes.
Age, 3 ans.
Prop., David Saturlin, Châtel.

1458 — Pigeon

Sign., Robe rouge pie, lunette à droite, grande liste.
Age, 4 ans.
Prop., Grenat Maurice, Châtel.

1510 — Pigeon

Sign., Robe rouge, pie en tête, sangle interrompue.
Age, 2 ans.
Prop., Maxit Paul, La Chapelle.

151 — Pigeonne

Sign., Robe pie rouge.
Age, 6 ans 9 mois.
Prop., Bartholoni Anatole, Château de Coudrée, Sciez.

439 — Pigeonne

Sign., Robe rouge pie, tête blanche, lunettes.
Age, 2 ans 6 mois.
Prop., Cruz Jacques frères, La Chapelle.

450 — Pigeonne

Sign., Robe pie rouge, liste.
Age, 7 ans 6 mois.
Prop., Trosset Ambroise, La Chapelle.

647 — Pigeonne

Sign., Robe pie rouge, lunette à droite.
Age, 29 mois.
Prop., Bartholoni Anatole, Château de Coudrée, Sciez.

840 — Pigeonne

Sign., Robe pie rouge, lunette à droite.
Age, 2 ans 7 mois.
Prop., Durand Antoine, Lausenettaz.

845 — Pigeonne

Sign., Robe pie rouge, demi belle face.
Age, 2 ans 6 mois.
Prop., Châtelet François, Jouvernex.

879 — Pigeonne

Sign., Robe rouge pie, lunettes.
Age, 2 ans 9 mois.
Prop., Fichard François feu Claude, Chens.

880 — Pigeonne

Sign., Robe pie rouge, liste.
Age, 3 ans 6 mois.
Prop., Veuve Fichard Joseph, Douvaine.

900 — Pigeonne

Sign., Robe rouge pie, lunette à droite.
Age, 4 ans 6 mois.
Prop., Boulens Jean, Douvaine.

1033 — Pigeonne

Sign., Robe pie rouge, front blanc.
Age, 6 ans 6 mois.
Prop., Blanc Julien, Bellevaux.

1055 — Pigeonne

Sign., Robe rouge pie, étoile.
Age, 8 ans 6 mois.
Prop., Vuattoux François, Draillant.

1134 — Pigeonne

Sign., Robe rouge pie, 1 lunette.
Age, 3 ans 7 mois.
Prop., Gaillet Bernard, Thollon.

1164 — Pigeonne

Sign., Robe pie rouge, tête blanche.
Age, 4 ans 7 mois.
Prop., Vachat Joseph, Perrignier.

1171 — Pigeonne

Sign., Robe pie rouge, grande liste.
Age, 3 ans 2 mois.
Prop., Meynet Joseph, Perrignier.

2003 — Pilâtresse

Sign., Robe rouge pie, grande liste interrompue.
Age, 6 ans 6 mois.
Prop., Bireaux Michel, Bernex.

425 — Pingette

Sign.,   Robe rouge pie, lunette à droite.
Age,   9 ans 6 mois.
Prop.,   Favre Julien, La Chapelle.

99 — Pipette

Sign.,   Robe rouge pie.
Age,   4 ans 3 mois.
Prop.,   Michoux Pierre, Vacheresse.

1064 — Pipette

Sign.,   Robe rouge pie, liste.
Age,   3 ans 2 mois.
Prop.,   Jordan Elie, Collonges.

236 — Pistolet

Sign.,   Robe pie rouge, face blanche.
Age,   4 ans 7 mois.
Prop.,   Petit Jean-François, Vacheresse.

479 — Plaisance

Sign.,   Robe rouge pie, lunettes.
Age,   4 ans 8 mois.
Prop.,   Michoux Pierre, Vacheresse.

1424 — Plumet

Sign.,   Robe blanche, lunettes, oreilles et taches sur les côtés de
l'encolure.
Age,   2 ans.
Prop.,   Vuarand François, Châtel.

1422 — Plumet

Sign., Robe pie rouge, tête blanche, lunettes.
Age, 3 ans.
Prop., Rubens François, Châtel.

1425 — Plumet

Sign., Robe rouge pie, lunettes.
Age, 2 ans.
Prop., David Maurice, Châtel.

701 — Pointue

Sign., Robe rouge pie, tête blanche.
Age, 2 ans 6 mois.
Prop., Mouthon Joseph-Marie, Villard-sur-Boëge.

1443 — Pologne

Sign., Robe pie rouge, grande liste.
Age, 2 ans.
Prop., Marchand Anne, Châtel.

346 — Pomma

Sign., Robe pie rouge, lunettes.
Age, 4 ans 7 mois.
Prop., Trosset Joseph feu Joseph, La Chapelle.

123 — Pommette

Sign., Robe rouge pie.
Age, 6 ans 9 mois.
Prop., Guichard Jean, Jussy-Sciez.

325 — Pommette

Sign.,   Robe rouge pie, lunettes.
Age,   6 ans 7 mois.
Prop.,   Crétin Joseph, Abondance.

365 — Pommette

Sign.,   Robe rouge pie, liste irrégulière.
Age,   5 ans 8 mois.
Prop.,   Cruz Basile, La Chapelle.

373 — Pommette

Sign.,   Robe rouge pie, croissant à droite.
Age,   2 ans 7 mois.
Prop.,   Boccard François, La Chapelle.

378 — Pommette

Sign.,   Robe rouge pie, étoile prolongée.
Age,   3 ans 7 mois.
Prop.,   Maxit frères, La Chapelle.

274 — Pompon

Sign.,   Robe rouge pie, lunettes.
Age,   3 ans 7 mois.
Prop.,   Grenat Joseph feu Michel, Vacheresse.

1380 — Pompon

Sign.,   Robe rouge pie, tête blanche, lunettes.
Age,   3 ans 9 mois.
Prop.,   Mottiez Jean-Marie, Vacheresse.

2007 — Pomponne

Sign., Robe pie rouge, tête blanche.
Age, 6 ans 3 mois.
Prop., Trincaz Joseph feu Louis, Bernex.

52 — Pomponnette

Sign., Robe pie rouge.
Age, 7 ans 9 mois.
Prop., Command Victor, La Chapelle.

1248 — Pouleau

Sign., Robe rouge, et tête blanche.
Age, 6 ans 8 mois.
Prop., Piccot Joseph frères, Lullin.

1278 — Poulette

Sign., Robe pie rouge, museau blanc.
Age, 2 ans.
Prop., Baillet François, Lullin.

252 — Poupée

Sign., Robe rouge pie, étoile.
Age, 6 ans 9 mois.
Prop., Tagand Louis feu Joseph, Vacheresse.

467 — Provence

Sign., Robe rouge pie, lunettes.
Age, 9 ans 9 mois.
Prop., Berthet Joseph-Miolène, Abondance.

683 — Province

Sign., Robe pie rouge, lunettes.
Age, 8 ans 6 mois.
Prop., Duret Jules, Habère-Lullin.

722 — Province

Sign., Robe rouge pie, demi belle face.
Age, 3 ans.
Prop., Dufour Jean-François, Villard-sur-Boëge.

727 — Province

Sign., Robe rouge pie, liste.
Age, 5 ans 6 mois.
Prop., Molliet Edouard, Villard-sur-Boëge.

268 — Quadrille

Sign., Robe rouge pie, face truitée.
Age, 3 ans 7 mois.
Prop., Tagand Claude, Vacheresse.

320 — Quadrille

Sign., Robe rouge pie, face blanche.
Age, 2 ans 6 mois.
Prop., Benand Jean-Marie, Abondance.

389 — Quadrille

Sign., Robe rouge pie, lunettes.
Age, 2 ans 7 mois.
Prop., Maxit Eugène, La Chapelle.

446 — Quadrille

Sign., Robe rouge pie, étoile.
Age, 2 ans 7 mois.
Prop., Trosset Ambroise, La Chapelle.

712. — Quadrille

Sign., Robe pie rouge, étoile, liste.
Age, 2 ans.
Prop., Costa Claude, Villard-sur-Boëge.

751 — Quadrille

Sign., Robe rouge pie, lunettes.
Age, 3 ans 6 mois.
Prop., Condevaux Eugène, Boëge.

762 — Quadrille

Sign., Robe pie rouge, lunettes.
Age, 2 ans 6 mois.
Prop., Bovet François, Bogève.

769 — Quadrille

Sign., Robe pie rouge, tête blanche.
Age, 5 ans 6 mois.
Prop., Bovet François feu François, Bogève.

774 — Quadrille

Sign., Robe pie rouge, lunettes.
Age, 5 ans 6 mois.
Prop., Baud Lavigne, Bogève.

776 — Quadrille

Sign., Robe rouge pie, lunette à droite.
Age, 4 ans 6 mois.
Prop., Gay Mélanie, Bogève.

780 — Quadrille

Sign., Robe pie rouge, demi belle face.
Age, 10 ans 6 mois.
Prop., Bouvier Marie, Bogève.

783 — Quadrille

Sign., Robe rouge pie, lunettes.
Age, 4 ans 7 mois.
Prop., Hudry Joseph, Bogève.

794 — Quadrille

Sign., Robe pie rouge, lunettes.
Age, 3 ans.
Prop., Pinget Pierre, Bogève.

830 — Quadrille

Sign., Robe pie rouge, liste.
Age, 7 ans 7 mois.
Prop., Chardon Edouard, Bogère.

940 — Quadrille

Sign., Robe rouge pie, lunettes.
Age, 27 mois.
Prop., Vulliez Claude, Reyvroz.

1032 — Quadrille

Sign., Robe pie rouge, tête blanche.
Age, 5 ans 6 mois.
Prop., Rey Renaud, Bellevaux.

1046 — Quadrille

Sign., Robe rouge pie, lunettes.
Age, 5 ans 6 mois.
Prop., Hudry Pierre, Draillant.

1147 — Quadrille

Sign., Robe pie rouge, lunettes.
Age, 2 ans 8 mois.
Prop., Vesin Joseph, Thollon.

1268 — Quadrille

Sign., Robe rouge pie, liste.
Age, 6 ans 6 mois.
Prop., Piccot Marie, Lullin.

1335 — Quadrille

Sign., Robe rouge pie, étoile en tête.
Age, 2 ans 9 mois.
Prop., Berthet Pierre, Abondance.

1354 — Quadrille

Sign., Robe rouge pie, lunette à droite.
Age, 6 ans 9 mois.
Prop., Girard Chopet-Barnabé, Abondance.

1366 — Quadrille

Sign., Robe pie rouge, tête astrée.
Age, 3 ans 3 mois.
Prop., Blanc François, au Mont, Abondance.

1370 — Quadrille

Sign., Robe pie rouge, étoile en tête.
Age, 3 ans 3 mois.
Prop., Gagneux André, Abondance.

1523 — Quadrille

Sign., Robe rouge pie, étoile, tache sur le garrot.
Age, 2 ans 2 mois.
Prop., Vuattoux Jérémie, Lullin.

1525 — Quadrille

Sign., Robe pie rouge, tête blanche, lunettes.
Age, 2 ans 2 mois.
Prop., Dupraz Jean, Lullin.

1533 — Quadrille

Sign., Robe rouge pie, lunettes, moustaches.
Age, 2 ans.
Prop., Viollet Julien, Lullin.

1543 — Quadrille

Sign., Robe rouge pie, tête blanche, principe de lunette à gauche.
Age, 4 ans.
Prop., Piccot Joseph frères, Lullin.

125 — Rabelette

Sign., Robe pie rouge.
Age, 3 ans.
Prop., Guichard Jean, Jussy-Sciez.

164 — Reine

Sign., Robe pie rouge.
Age, 3 ans.
Prop., Bartholoni Anatole, Château de Coudrée, Sciez.

1149 — Reine

Sign., Robe rouge pie, liste.
Age, 7 ans 8 mois.
Prop., Vesin François, Thollon.

72 — Renée

Sign., Robe rouge pie.
Age, 4 ans 7 mois.
Prop., Cottet Henri, Evian-les-Bains.

178 — Réveil

Sign., Robe rouge pie.
Age, 2 ans 9 mois.
Prop., Vanel François, Lugrin.

718 — Réveil

Sign., Robe pie rouge, étoile.
Age, 4 ans 6 mois.
Prop., Dufour Joseph-François, Villard.

1011 — Réveil

Sign., Robe rouge pie, lunettes.
Age, 9 ans 9 mois.
Prop., Morel Vulliez-Célestin, Vailly.

1136 — Réveil

Sign., Robe rouge pie, lunettes.
Age, 4 ans 6 mois.
Prop., Gaillet Bernard, Thollon.

1399 — Réveil

Sign., Robe rouge pie.
Age, 4 ans.
Prop., Chappuis Louis, Chignan.

170 — Riban

Sign., Robe rouge pie.
Age, 7 ans 9 mois.
Prop., Levray Marie, La Léchère-Evian.

221 — Riban

Sign., Robe rouge pie, étoile.
Age, 6 ans 9 mois.
Prop., Gallay Louis, Chevenoz.

281 — Riban

Sign., Robe rouge pie, face blanche.
Age, 7 ans.
Prop., Mercier André, Chevenoz.

304 — Riban

Sign., Robe rouge pie, face truitée.
Age, 4 ans 9 mois.
Prop., Tagand François, Vacheresse.

323 — Riban

Sign., Robe rouge pie, lunettes.
Age, 5 ans 8 mois.
Prop., Folliet Gaspard, Abondance.

422 — Riban

Sign., Robe pie rouge, lunettes.
Age, 4 ans 7 mois.
Prop., Trosset Joseph-Justin, La Chapelle.

854 — Riban

Sign., Robe rouge pie, lunettes.
Age, 27 mois.
Prop., Guichard Jean, Jussy-Sciez.

996 — Riban

Sign., Robe rouge pie, face blanche.
Age, 2 ans 4 mois.
Prop., Favre François, Vailly.

1025 — Riban

Sign., Robe rouge pie, lunettes.
Age, 9 ans 6 mois.
Prop., Baud Joseph, Bellevaux.

1373 — Riban

Sign.,   Robe rouge pie, lunettes.
Age,   3 ans 9 mois.
Prop.,   Veuve Liège, Vacheresse.

1483 — Riban

Sign.,   Robe pie rouge, grande liste, surtout déviée à gauche.
Age,   2 ans 2 mois.
Prop.,   Vuilloud César, La Chapelle.

1517 — Riban

Sign.,   Robe rouge pie, étoile.
Age,   5 ans.
Prop.,   Baisami Louis-Marie, Lullin.

1520 — Riban

Sign.,   Robe pie rouge, étoile.
Age,   5 ans 2 mois.
Prop.,   Vuattoux Jérémie, Lullin.

1532 — Riban

Sign.,   Robe rouge pie, étoile.
Age,   4 ans.
Prop.,   Viollet Julien, Lullin.

1554 — Riban

Sign.,   Robe pie rouge, étoile.
Age,   7 ans.
Prop.,   Piccot François, Lullin.

1207 — Ribanne

Sign., Robe rouge pie, tête blanche.
Age, 5 ans 9 mois.
Prop., Degenève François, Lullin.

1024 — Rigodon

Sign., Robe pie rouge, lunettes.
Age, 5 ans 6 mois.
Prop., Converset Joseph, Bellevaux.

1211 — Rivière

Sign., Robe rouge pie, liste en tête.
Age, 3 ans 3 mois.
Prop., Degenève Pierre, Lullin.

1367 — Rocharde

Sign., Robe pie rouge, liste en tête.
Age, 3 ans 3 mois.
Prop., Maulaz André, Abondance.

172 — Rocharde

Sign., Robe pie rouge.
Age, 8 ans 6 mois.
Prop., Jacquier François, Neuvecelle.

1083 — Rocharde

Sign., Robe rouge pie, grande liste.
Age, 5 ans 6 mois.
Prop., Jacquier Marie, Thollon.

456 — Roge

Sign., Robe rouge pie, quelques taches blanches en tête.
Age, 8 ans 6 mois.
Prop., Maxit Antoine, La Chapelle.

108 — Romanie

Sign., Robe rouge pie, lunettes.
Age, 7 ans 6 mois.
Prop., Monnet Gabriel, Domaine de Morillon, Thonon-les-Bains.

808 — Romanie

Sign., Robe rouge pie, lunettes.
Age, 8 ans 9 mois.
Prop., Bouvier Joseph, Bogève.

989 — Romanie

Sign., Robe rouge pie, face blanche.
Age, 7 ans 6 mois.
Prop., Châtelain Jean, Vailly.

1016 — Romanie

Sign., Rôbe rouge pie, lunettes.
Age, 5 ans 6 mois.
Prop., Morel-Vulliez Louis, Bons.

1070 — Romanie

Sign., Robe pie rouge.
Age, 2 ans 4 mois.
Prop., Bartholoni Anatole, Château de Coudrée, Sciez.

793 — Romance

Sign.,   Robe pie rouge, demi belle face.
Age,   7 ans 6 mois.
Prop.,   Pinget Pierre, Bogève.

1263 — Romance

Sign.,   Robe rouge pie, lunettes.
Age,   27 mois.
Prop.,   Piccot Adrien, Lullin.

133 — Ronda

Sign.,   Robe rouge pie.
Age,   10 ans 6 mois.
Prop.,   Dépierre Alphonse, Mâcheron.

144 — Ronda

Sign.,   Robe pie rouge.
Age,   8 ans 9 mois.
Prop.,   Bartholoni Anatole, Château de Coudrée, Sciez.

132 — Ronda

Sign.,   Robe pie rouge.
Age,   4 ans 3 mois.
Prop.,   Boccard François, La Chapelle.

2039 — Rondella

Sign.,   Robe rouge pie, grande liste irrégulière.
Age,   3 ans 3 mois.
Prop.,   Jacquier Joseph, Bernex.

593 — Rosa

Sign., Robe rouge pie, étoile.
Age, 5 ans 6 mois.
Prop., Jordan Elie, Collonges.

594 — Rosa

Sign., Robe rouge pie, principe de lunette à droite.
Age, 6 ans 7 mois.
Prop., Veuve Marchat, Tully.

833 — Rosa

Sign., Robe rouge pie, tête rouge.
Age, 4 ans 3 mois.
Prop., Morin Damase, Anthy.

916 — Rose

Sign., Robe rouge pie, étoile.
Age, 9 ans 6 mois.
Prop., Dunand Alexandre, Loisin.

1039 — Rose

Sign., Robe rouge pie, lunette à droite.
Age, 5 ans 6 mois.
Prop., Verboux Emile, Maugny.

1053 — Rose

Sign., Robe rouge pie, grande liste.
Age, 3 ans 6 mois.
Prop., Viollet François, Draillant.

1140 — Rose

Sign., Robe rouge pie, grande liste.
Age, 2 ans 6 mois.
Prop., Vesin Marie-François, Thollon.

1158 — Rose

Sign., Robe rouge, tête rouge.
Age, 6 ans 6 mois.
Prop., Berthet Marie, Perrignier.

1126 — Rosette

Sign., Robe pie rouge, tête blanche.
Age, 4 ans 6 mois.
Prop., Gaillet Marie, Thollon.

887 — Rouge

Sign., Robe rouge pie, étoile.
Age, 5 ans 6 mois.
Prop., Jacquier Germain, Douvaine.

1440 — Rouge

Sign., Robe rouge pie, lunettes.
Age, 2 ans 6 mois.
Prop., Vuarand Ambroise, Châtel.

345 — Rougette

Sign., Robe rouge pie, face blanche.
Age, 4 ans 2 mois.
Prop., Trosset François, La Chapelle.

520 — Rougette

Sign.,   Robe rouge pie, tête rouge.
Age,   6 ans 6 mois.
Prop.,   Mudry Constance, Biot.

544 — Rougette

Sign.,   Robe rouge pie, liste.
Age,   5 ans 6 mois.
Prop.,   Baud Antoine feu Philibert, Morzine.

565 — Rougette

Sign.,   Robe rouge pie, liste.
Age,   7 ans 6 mois.
Prop.,   Richard Emile, Morzine.

130 — Roulette

Sign.,   Robe pie rouge.
Age,   7 ans 9 mois.
Prop.,   Maxit François, La Chapelle.

896 — Rousse

Sign.,   Robe rouge pie, lunettes.
Age,   9 ans 6 mois.
Prop.,   Genoud François, Douvaine.

902 — Rousse

Sign.,   Robe rouge pie, liste.
Age,   9 ans 6 mois.
Prop.,   Boulens Joseph, Douvaine.

906 — Rousse

Sign., Robe rouge pie, lunette à droite.
Age,   9 ans 6 mois.
prop., Juget Claude, Douvaine.

84 — Roussette

Sign., Robe rouge pie, liste.
Age,   2 ans.
Prop., Bartholoni Anatole, Château de Coudrée, Sciez.

160 — Rozon

Sign., Robe rouge pie, blanche en tête.
Age,   11 ans 9 mois.
Prop., Bartholoni Anatole, Château de Coudrée, Sciez.

88 — Ruban

Sign., Robe pie rouge.
Age,   5 ans 3 mois.
Prop., Bartholoni Anatole, Château de Coudrée, Sciez.

105 — Ruban

Sign., Robe rouge pie, tête blanche.
Age,   6 ans 3 mois.
Prop., Monnet Gabriel, Domaine de Morillon, Thonon-les-Bains.

876 — Ruban

Sign., Robe rouge pie, liste en tête.
Age,   4 ans 6 mois.
Prop., Frossard François-Léon, Sciez.

1216 — Ruban

Sign., Robe rouge pie, lunettes.
Age, 4 ans 9 mois.
Prop., Piccot Paul, Lullin.

1255 — Ruban

Sign., Robe rouge pie, lunettes.
Age, 3 ans 2 mois.
Prop., Dupraz Jean, Lullin.

1343 — Ruban

Sign., Robe rouge pie, liste en tête.
Age, 6 ans 9 mois.
Prop., Gagneux Joseph, au Mont, Abondance.

1431 — Ruban

Sign., Robe pie rouge, tête blanche, lunette à droite.
Age, 3 ans.
Prop., Tavernier François, Morzine.

113 — Rubis

Sign., Robe rouge pie, tête blanche.
Age, 2 ans 7 mois.
Prop., Monnet Gabriel, Domaine de Morillon, Thonon-les-Bains.

400 — Safran

Sign., Robe rouge pie, lunettes.
Age, 3 ans 6 mois.
Prop., Trosset Joachim, La Chapelle.

73 — Sapinette

Sign., Robe rouge pie.
Age, 4 ans 3 mois.
Prop., Command Victor, La Chapelle.

1334 — Sauteuse

Sign., Robe rouge pie, étoile en tête.
Age, 2 ans.
Prop., Vuilloud Athanase, La Chapelle.

58 — Sauvageonne

Sign., Robe rouge pie.
Age, 3 ans 3 mois.
Prop., Grenat André-Joseph, Vacheresse.

462 — Savoyarde

Sign., Robe rouge pie, face blanche.
Age, 6 ans 6 mois.
Prop., Maxit François, La Chapelle.

1280 — Séda

Sign., Robe pie rouge.
Age, 3 ans 9 mois.
Prop., Bondaz Joseph, Thonon-les-Bains.

1349 — Superbe

Sign., Robe rouge pie, bajoues blanches.
Age, 10 ans 9 mois.
Prop., Berthet André, Abondance.

124 — Suzette

Sign., Robe pie rouge.
Age, 3 ans 9 mois.
Prop., Guichard Jean, Jussy-Sciez.

850 — Tachetée

Sign., Robe pie rouge, grande liste.
Age, 9 ans 6 mois.
Prop., Guichard Jean, Jussy-Sciez.

247 — Taillade

Sign., Robe rouge pie, étoile.
Age, 7 ans 6 mois.
Prop., Maulaz Jean-Claude, Vacheresse.

300 — Taillardé

Sign., Robe rouge pie, étoile.
Age, 7 ans 6 mois.
Prop., Bons Maurice, Vacheresse.

269 — Taillon

Sign., Robe rouge pie, étoile.
Age, 6 ans 7 mois.
Prop., Grenat-Petit André, Vacheresse.

223 — Tambour

Sign., Robe rouge pie, étoile.
Age, 2 ans 9 mois.
Prop., Gallay Louis, Chevenoz.

356 — Tambour

Sign., Robe pie rouge, liste.
Age, 4 ans 6 mois.
Prop., Maxit Antoine, La Chapelle.

414 — Tambour

Sign., Robe pie rouge, étoile.
Age, 3 ans 2 mois.
Prop., Command Victor, La Chapelle.

1503 — Tambour

Sign., Robe rouge pie, grande liste.
Age, 8 ans.
Prop., Maxit, maire, La Chapelle.

1290 — Taquine

Sign., Robe pie rouge, dos et tête blancs.
Age, 2 ans 9 mois.
Prop., Bullat Alfred, Excenevex.

372 — Tasson

Sign., Robe rouge pie, lunettes.
Age, 8 ans 6 mois.
Prop., Brélaz Eugène, La Chapelle.

162 — Tigra

Sign., Robe pie rouge.
Age, 3 ans 10 mois.
Prop., Bartholoni Anatole, Château de Coudrée, Sciez.

368 — Troquier

Sign.,   Robe rouge pie, lunette à gauche.
Age,   7 ans 7 mois.
Prop.,   Brélaz Eugène, La Chapelle.

849 — Truite

Sign.,   Robe pie rouge, tête blanche.
Age,   6 ans 6 mois.
Prop.,   Guichard Jean, Jussy-Sciez.

310 — Tulipe

Sign.,   Robe rouge pie, lunettes.
Age,   4 ans 3 mois.
Prop.,   Aubert François, Abondance.

596 — Tulipe

Sign.,   Robe rouge pie, étoile.
Age,   3 ans 6 mois.
Prop.,   Jordan Elie, Collonges.

1409 — Tulipe

Sign.,   Robe rouge pie, tête blanche, lunettes.
Age,   29 mois.
Prop.,   David François, Sur la Côte, Châtel.

1416 — Tulipe

Sign.,   Robe pie rouge, tête blanche.
Age,   6 ans.
Prop.,   Marchand François, Châtel.

1433 — Tulipe

Sign., Robe pie rouge, lunettes, moustaches à droite.
Age, 6 ans.
Prop., Grenat Jean, Châtel.

148 — Turin

Sign., Robe blanche, quelques taches rouges.
Age, 7 ans 3 mois.
Prop., Bartholoni Anatole, Château de Coudrée, Sciez.

574 — Turin

Sign., Robe rouge pie, tête blanche.
Age, 8 ans 6 mois.
Prop., Baud Claude-François, Morzine.

1490 — Turquie

Sign., Robe rouge pie, étoile.
Age, 3 ans.
Prop., Crépy Ambroise, La Chapelle.

392 — Turquoise

Sign., Robe rouge pie, étoile.
Age, 4 ans 6 mois.
Prop., Voisin François, La Chapelle.

1308 — Vainqueur

Sign., Robe rouge pie, étoile blanche.
Age, 4 ans 3 mois.
Prop., Berthet Pierre, Abondance.

1317 — Vainqueur

Sign.,   Robe rouge pie, étoile en tête.
Age,   6 ans 9 mois.
Prop.,   Gagneux Etienne, Abondance.

1348 — Vainqueur

Sign.,   Robe pie rouge, étoile.
Age,   5 ans 6 mois.
Prop.,   Aymond Hyacinthe, Abondance.

1351 — Vainqueur

Sign.,   Robe rouge pie, étoile.
Age,   6 ans 9 mois.
Prop.,   Cruz Jean, Abondance.

1375 — Vainqueur

Sign.,   Robe pie rouge, liste en tête.
Age,   3 ans 3 mois.
Prop.,   Bertrand François, Abondance.

461 — Valaisanne

Sign.,   Robe pie rouge, face blanche.
Age,   3 ans 8 mois.
Prop.,   Maxit François, La Chapelle.

1446 — Valaisanne

Sign.,   Robe rouge pie, lunettes, moustaches.
Age,   3 ans 2 mois.
Prop.,   Vuarand Auguste, La Chapelle.

831 — Valence

Sign., Robe pie rouge, tête blanche.
Age, 5 ans 6 mois.
Prop., Chardon Edouard, Bogève.

944 — Valence

Sign., Robe rouge pie, demi belle face.
Age, 3 ans 2 mois.
Prop., Meynet Hippolyte, Reyvroz.

1067 — Valence

Sign., Robe rouge pie.
Age, 4 ans 6 mois.
Prop., Bartholoni Anatole, Château de Coudrée, Sciez.

1237 — Valence

Sign., Robe rouge pie, tête blanche.
Age, 2 ans.
Prop., Chédal Jean-Louis, Lullin.

1258 — Valence

Sign., Robe rouge pie, tête blanche.
Age, 3 ans 9 mois.
Prop., Chédal Célestin, Lullin.

1261 — Valence

Sign., Robe rouge, tête blanche.
Age, 8 ans 8 mois.
Prop., Piccot Adrien, Lullin.

1213 — Valence

Sign., Robe rouge pie, lunettes.
Age, 2 ans 9 mois.
Prop., Piccot Marie, Lullin.

1224 — Valence

Sign., Robe rouge pie, lunette à droite.
Age, 7 ans 8 mois.
Prop., Piccot Jean-Pierre, Lullin.

1536 — Valence

Sign., Robe rouge pie, tête bariolée.
Age, 2 ans 2 mois.
Prop., Joly Joseph, Lullin.

1250 — Valonne

Sign., Robe rouge et liste.
Age, 2 ans 8 mois.
Prop., Piccot Joseph frères, Lullin.

1257 — Valonne

Sign., Robe rouge, tête blanche.
Age, 4 ans 9 mois.
Prop., Chédal Célestin, Lullin.

1541 — Valonne

Sign., Robe pie rouge, tête blanche, lunettes et sangle.
Age, 3 ans.
Prop., Frossard Alexandre, Lullin.

95 — Vanille

Sign., Robe rouge pie.
Age, 5 ans 3 mois.
Prop., Durand Pierre feu Clément, Vacheresse.

138 — Vanille

Sign., Robe rouge pie.
Age, 5 ans 9 mois.
Prop., Jaccard André, Féternes.

1388 — Vaporeuse

Sign., Robe rouge pie, tête blanche, lunettes.
Age, 3 ans 9 mois.
Prop., Premat Xavier, Biot.

1361 — Vaudard

Sign., Robe pie rouge, liste en tête.
Age, 2 ans 8 mois.
Prop., Peillex François feu André, Abondance.

228 — Vaudoise

Sign., Robe rouge pie, face blanche, demi lunette.
Age, 5 ans 3 mois.
Prop., Tagand Alexandre, Vacheresse.

1241 — Venise

Sign., Robe rouge pie, liste en tête.
Age, 6 ans 9 mois.
Prop., Piccot Alexandre, Lullin.

96 — Venise

Sign., Robe rouge pie.
Âge, 5 ans 3 mois.
Prop., Tagand Joseph feu Paul, Vacheresse.

70 — Vénus

Sign., Robe rouge pie.
Age, 5 ans 9 mois.
Prop., Cottet Henri, Évian-les-Bains.

1286 — Vénus

Sign., Robe pie rouge, tête blanche.
Age, 3 ans 8 mois.
Prop., Echarnier Ambroise, Publier.

1003 — Verdan

Sign., Robe pie rouge, grande liste.
Age, 3 ans 4 mois.
Prop., Morel-Chevillet Pierre, Vailly.

472 — Vigan

Sign., Robe rouge pie, tête blanche, demi lunettes.
Age, 2 ans 2 mois.
Prop., Vallet frères, Châtel.

853 — Violette

Sign., Robe rouge pie, tête blanche.
Age, 2 ans 4 mois.
Prop., Guichard Jean, Jussy-Sciez.

1356 — Violette

Sign., Robe rouge pie, lunettes.
Age, 6 ans 9 mois.
Prop., Pasquier Simon, La Chapelle.

272 — Vrille

Sign., Robe rouge pie, face blanche.
Age, 4 ans 9 mois.
Prop., Grenat-Petit André, Vacheresse.

826 — Wallace

Sign., Robe rouge pie, lunettes.
Age, 6 ans 6 mois.
Prop., Chardon Emile, Bogève.

1018 — Zette

Sign., Robe rouge pie, demi belle face.
Age, 3 ans 6 mois.
Prop., Frézier Frédéric, Bons.

76 — Zizette

Sign., Robe rouge pie.
Age, 6 ans 3 mois.
Prop., Chevallay Joséphine, Vongy.

528 — Zora (dit Bouquet)

Sign., Robe rouge pie, tète blanche.
Age, 4 ans 7 mois.
Prop., Cochevet Basile, Biot.

II

GÉNISSES

admises provisoirement au Herd-Book
de la race bovine d'Abondance

1530 — Abondance

Sign., Robe rouge pie, tête blanche, moustache à gauche.
Age, 14 mois.
Prop., Burnet Louis, Lullin.

1546 — Abondance

Sign., Robe pie rouge, liste en tête.
Age, 18 mois.
Prop., Meynet Jean, Lullin.

655 — Aicka

Sign., Robe pie rouge, lunette à gauche.
Age, 22 mois.
Prop., Bartholoni Anatole, Château de Coudrée, Sciez.

624 — Alsace

Sign., Robe pie rouge, tête blanche.
Age, 23 mois.
Prop., Monnet Gabriel, Domaine de Morillon, Thonon-les-Bains.

627 — Belle

Sign., Robe pie rouge, liste.
Age, 22 mois.
Prop., Monnet Gabriel, Domaine de Morillon, Thonon-les-Bains.

2097 — Bichette

Sign., Robe rouge pie.
Age, 10 mois.
Prop., Davet Charles, Evian-les-Bains.

1301 — Blanchette

Sign., Robe pie rouge, plaqué.
Age, 22 mois.
Prop., Trosset Julien, La Chapelle.

2096 — Blanzine

Sign., Robe rouge pie, lunettes.
Age, 11 mois.
Prop., Davet Charles, Evian-les-Bains.

1426 — Bocharde

Sign., Robe rouge pie, tête blanche, lunette à droite.
Age, 19 mois.
Prop., David Maurice, Châtel.

1302 — Boquet

Sign., Robe rouge pie, blanc plaqué.
Age, 18 mois.
Prop., Folliet François, Abondance.

1398 — Boucharde

Sign., Robe rouge pie, tête blanche, grande liste.
Age, 14 mois.
Prop., Grillet-Aubert François, Châtel.

744 — Bouquet

Sign., Robe rouge pie, lunettes.
Age, 22 mois.
Prop., Mercier François, Boëge.

1300 — Bouquet

Sign., Robe pie rouge.
Age, 16 mois.
Prop., Trosset Julien, La Chapelle.

1316 — Bouquet

Sign., Robe rouge pie, lunettes.
Age, 15 mois.
Prop., Benand François, Abondance.

1352 — Bouquet

Sign., Robe rouge pie, lunettes.
Age, 18 mois.
Prop., Desportes Maurice, La Chapelle.

1468 — Bouquet

Sign., Robe rouge pie, grande liste, lunettes.
Age, 14 mois.
Prop., Girardot Louis, Châtel.

1538 — Bouquet

Sign., Robe pie rouge, grande liste.
Age,   14 mois.
Prop., Chaudron Vital, Lullin.

1553 — Bouquet

Sign., Robe rouge pie, tête blanche, blanc sur la queue.
Age,   14 mois.
Prop., Piccot François, Lullin.

1562 — Bouquet

Sign., Robe rouge pie, lunette à gauche.
Age,   16 mois.
Prop., Duborgel Jean-Marie, Anthy.

1410 — Caro

Sign., Robe pie rouge, tête blanche, lunettes, moustaches.
Age,   18 mois.
Prop., Grillet-Aubert-Maurice, Châtel.

1238 — Garouge

Sign., Robe rouge pie, tête blanche.
Age,   15 mois 1|2.
Prop., Chédal Jean-Louis, Lullin.

619 — Coquine

Sign., Robe rouge pie, tête rouge, étoile.
Age,   19 mois.
Prop., Monnet Gabriel, Domaine de Morillon, Thonon-les-Bains.

671 — Couronne

Sign., Robe rouge pie, étoile.
Age, 20 mois.
Prop., Mermain Alphonse, Habère-Poche.

1519 — Couronne

Sign., Robe rouge pie, étoile sangle.
Age, 1 an.
Prop., Vuattoux Jérémie, Lullin.

1545 — Couronne

Sign., Robe pie rouge, tête blanche, lunettes, moustaches.
Age, 1 an.
Prop., Dupraz Jean-Marie, Lullin.

630 — Déesse

Sign., Robe pie rouge, lunette à droite.
Age, 17 mois.
Prop., Monnet Gabriel, Domaine de Morillon, Thonon-les-Bains.

1008 — Divonne

Sign., Robe rouge pie, lunettes.
Age, 23 mois.
Prop., Favre Augustin, Vailly.

1462 — Dragonne

Sign., Robe rouge pie, grande liste, plaque blanche sur le garrot.
Age, 15 mois.
Prop., Tochet François, Châtel.

637 — Etoile

Sign., Robe rouge pie, étoile.
Age, 22 mois.
Prop., Bartholoni Anatole, Château de Coudrée, Sciez.

1019 — Etoile

Sign., Robe rouge pie, étoile.
Age, 23 mois.
Prop., Rey Alfred, Bellevaux.

1073 — Etoile

Sign., Robe rouge pie.
Age, 22 mois 1/2.
Prop., Bartholoni Anatole, Château de Coudrée, Sciez.

1548 — Fleurette

Sign., Robe pie rouge, tête blanche, tache sur l'œil gauche.
Age, 11 mois.
Prop., Frossard Joseph, Lullin.

988 — Fleurie

Sign., Robe rouge pie, lunettes.
Age, 23 mois.
Prop., Chatelain Jean, Reyvroz.

997 — Fleurie

Sign., Robe rouge pie, 1 lunette.
Age, 21 mois.
Prop., Duchesne Joseph, Vailly.

1074 — Flora II

Sign., Robe rouge.
Age, 20 mois.
Prop., Bartholoni Anatole, Château de Coudrée, Sciez.

1557 — Florence

Sign., Robe pie rouge, rouge en tête.
Age, 13 mois.
Prop., Piccot François, Lullin.

2092 — Florence

Sign., Robe pie rouge, lunette à gauche.
Age, 19 mois.
Prop., Blanc Antoine feu Félix, Bernex.

1561 — Floria

Sign., Robe pie rouge, liste en tête.
Age, 19 mois.
Prop., Détraz Pauline, Filly.

2088 — Fontaine

Sign., Robe rouge pie, grande liste.
Age, 18 mois.
Prop., Chevallay Joseph, au Vernaz, Bernex.

1515 — Jaillette

Sign., Robe pie rouge, tête blanche, lunettes.
Age, 16 mois.
Prop., Burnet Julien, Lullin.

1560 — Jaillette

Sign., Robe rouge pie, tête blanche.
Age, 16 mois.
Prop., Aly Jean, Prailles-Sciez.

1208 — Jaillette

Sign., Robe rouge pie, lunettes.
Age, 17 mois.
Prop., Degenève François, Lullin.

2019 — Jaillette

Sign., Robe pie rouge, tête blanche.
Age, 19 mois.
Prop., Bireaux Loulou, Bernex.

1076 — Juliette

Sign., Robe pie rouge, tachetée en tête.
Age, 22 mois.
Prop., Bartholoni Anatole, Château de Coudrée, Sciez.

85 — Justice

Sign., Robe rouge pie, liste.
Age, 21 mois.
Prop., Bartholoni Anatole, Château de Coudrée, Sciez.

692 — Laurier

Sign., Robe pie rouge, tête blanche.
Age, 23 mois.
Prop., Mouthon Jean, Villard-sur-Boëge.

628 — Lorraine

Sign., Robe rouge pie, lunette à gauche.
Age, 21 mois.
Prop., Monnet Gabriel, Domaine de Morillon, Thonon-les-Bains.

2090 — Lunette

Sign., Robe rouge pie, lunette à gauche, en principe à droite.
Age, 18 mois.
Prop., Jacquier Maurice, Bernex.

636 — Madrid

Sign., Robe rouge pie, truitée.
Age, 21 mois.
Prop., Carraud Basile, Séchy-Allinges.

622 — Marion

Sign., Robe rouge pie.
Age, 21 mois.
Prop., Dessaix Joséphine, La Chavanne.

642 — Marquise

Sign., Robe rouge pie, lunette à droite.
Age, 20 mois.
Prop., Bartholoni Anatole, Château de Coudrée, Sciez.

1467 — Marquise

Sign., Robe rouge pie, tête blanche, lunettes, moustaches.
Age, 19 mois.
Prop., David Maurice, Châtel.

680 — Mayence

Sign., Robe rouge pie, tête blanche, lunettes, moustaches.
Age, 17 mois.
Prop., Grillet-Aubert Jean, Châtel.

1499 — Mayence

Sign., Robe pie rouge, liste en tête déviée à gauche.
Age, 13 mois.
Prop., Marchand Ambroise, La Chapelle.

663 — Mignonne

Sign., Robe rouge pie, tête blanche.
Age, 22 mois.
Prop., Bartholoni Anatole, Château de Coudrée, Sciez.

681 — Mignonne

Sign., Robe pie rouge, grande liste.
Age, 17 mois.
Prop., Grillet-Aubert Jean, Châtel.

1498 — Mignonne

Sign., Robe rouge pie, lunettes, moustaches.
Age, 1 an.
Prop., Marchand Ambroise, La Chapelle.

1500 — Mignonne

Sign., Robe pie rouge, étoile déviée à droite.
Age, 1 an.
Prop., Favre Julien, La Chapelle.

1339 — Orange

Sign., Robe rouge pie, lunettes, tache en liste.
Age, 19 mois.
Prop., Benand Jean, Abondance.

696 — Papillon

Sign., Robe pie rouge, demi belle face.
Age, 23 mois.
Prop., Félisaz Adrien, Villard.

1465 — Papillon

Sign., Robe rouge pie, tête blanche, lunette à droite.
Age, 1 an.
Prop., David Maurice, Châtel.

1227 — Papillon

Sign., Robe rouge pie, frontail blanc.
Age, 19 mois.
Prop., Frossard Joseph, Lullin.

2078 — Pauline

Sign., Robe rouge pie, grande liste.
Age, 18 mois.
Prop., Bron André, Bernex.

1418 — Perroquet

Sign., Robe rouge pie, tête blanche, lunette à droite.
Age, 13 mois.
Prop., Thoule Pierre, Châtel.

1452 — Picolette

Sign., Robe blanche, lunettes, oreilles rouges, rouge à l'encolure.
Age, 13 mois.
Prop., Moille François, Châtel.

1323 — Pierrette

Sign., Robe rouge pie, étoile en tête.
Age, 17 mois.
Prop., Berthet Joseph-Miolène, Abondance.

1464 — Pigeon

Sign., Robe rouge pie, lunette à gauche.
Age, 1 an.
Prop., Grenat Jean, Châtel.

1072 — Pindon

Sign., Robe pie rouge.
Age, 20 mois 1/2.
Prop., Bartheloni Anatole, Château de Coudrée, Sciez.

1552 — Ribau

Sign., Robe rouge pie, croissant à droite.
Age, 16 mois.
Prop., Vuattoux Julien, Lullin.

1400 — Romanie

Sign., Robe rouge pie, tête blanche, jambes blanches.
Age, 14 mois.
Prop., Monnet Gabriel, Domaine de Morillon, Thonon-les-Bains.

1474 — Romanie

Sign., Robe pie rouge, tête blanche.
Age, 16 mois.
Prop., Blanc Joseph, La Chapelle.

1497 — Ronda

Sign., Robe rouge pie, lunettes, moustaches.
Age, 14 mois.
Prop., Marchand Ambroise, La Chapelle.

1387 — Rose

Sign., Robe rouge pie, liste.
Age, 20 mois.
Prop., Boujon Eugène, Champanges.

1204 — Ruban

Sign., Robe rouge pie, tête blanche, lunette à droite.
Age, 23 mois.
Prop., Piccot Anselme, Lullin.

1408 — Tulipe

Sign., Robe rouge pie, tête blanche.
Age, 14 mois.
Prop., Crépy Pierre, Châtel.

1469 — Tulipe

Sign., Robe rouge pie, grande liste, croupe blanche.
Age, 14 mois.
Prop., Vallet frères, Châtel.

1542 — Turban

Sign., Robe rouge pie, tête blanche, lunettes, moustaches.
Age, 17 mois.
Prop., Veillet François-Alexandre, Lullin.

1442 — Turin

Sign., Robe pie rouge, grande liste.
Age, 14 mois.
Prop., Marchand Aimé, Châtel.

1322 — Vainqueur

Sign., Robe rouge pie, étoile, liste.
Age, 15 mois.
Prop., Veuve Requet-Blanc François, Abondance.

362 — Valence

Sign., Robe rouge pie, grande liste, tache sur l'épaule droite.
Age, 13 mois.
Prop., Vuattoux Claude, Lullin.

1540 — Valence

Sign., Robe rouge pie, tête blanche, lunettes.
Age, 19 mois.
Prop., Frossard Alexandre, Lullin.

1527 — Valonne

Sign., Robe rouge pie, grande liste.
Age, 13 mois.
Prop., Chédal Joseph, Lullin.

Fɪɴ

ERRATA

1534

Nom,   Abondance.
Sexe,   Vache.
Sign.,   Pie rouge, grande liste, moustaches foncées.
Age,   2 ans 7 mois.
Prop.,   Viollet Julien, Lullin.

532

Nom,   Colombe.
Sexe,   Vache.
Sign.,   Rouge pie, liste.
Age,   5 ans 7 mois.
Prop.,   Morand François, Le Biot.

962

Nom,   Fignolette.
Sexe,   Vache.
Sign.,   Rouge pie, lunettes.
Age,   2 ans 5 mois.
Prop.,   Vuillez Claude, Reyvroz.

1114

Nom,   Fleurie.
Sexe,   Vache.
Sign.,   Rouge pie, grande liste.
Age,   3 ans 6 mois.
Prop.,   Arandel Joseph, Thollon.

799

Nom,   Frisette.
Sexe,   Vache.
Sign.,   Pie rouge, tête blanche.
Age,   5 ans 8 mois.
Prop.,   Chaudron Jules-Antoine, Bogève.

802

Nom,   Gentille.
Sexe,   Vache.
Sign.,   Pie rouge, lunettes.
Age,   4 ans 7 mois.
Prop.,   Forel Hippolyte, Bogève.

1107

Nom,   Jaillette.
Sexe,   Vache.
Sign.,   Rouge pie, grande liste.
Age,   4 ans 6 mois.
Prop.,   Cachat Jacques feu Jean, Thollon.

1450

Nom,   Marquise.
Sexe,   Vache.
Sign.,   Rouge pie, lunettes, moustaches.
Age,   5 ans 2 mois.
Prop.,   David Joseph, Châtel.

1318

Nom,   Montaillon.
Sexe,   Vache.
Sign.,   Rouge pie.
Age,   4 ans 9 mois.
Prop.,   Gagneux Etienne, Abondance.

533

Nom,   Pigeonne.
Sexe,   Vache.
Sign.,   Rouge pie, lunettes.
Age,   3 ans 7 mois.
Prop., Morand François, Le Biof.

234

Nom,   Provence.
Sexe,   Vache.
Sign.,   Rouge pie, face blanche.
Age,   6 ans 7 mois.
Prop., Petit Jean-François, Vacheresse.

803

Nom,   Tontaine.
Sexe,   Vache.
Sign.,   Rouge pie, tête blanche.
Age,   4 ans 6 mois.
Prop., Pinget Louis feu François, Bogève.

1565

Nom,   Zoulou.
Sexe,   Taureau.
Sign.,   Rouge pie.
Age,   4 ans.
Prop., Ruche Jean-Marie, Brens.

TABLE DES MATIÈRES

Thonon-les-Bains. — Imp. A. Dubouloz